# MEMOIRE
SUR
## LA MEILLEURE MANIERE
DE FAIRE ET DE GOUVERNER LES VINS DE PROVENCE, SOIT POUR L'USAGE, SOIT POUR LEUR FAIRE PASSER LES MERS,

QUI A REMPORTÉ LE PRIX, au jugement de l'ACADEMIE de Marseille, en l'Année 1770.

PAR M. L'ABBÉ ROZIER,

*De l'Académie Royale des Sciences, Beaux-Arts & Belles-Lettres de Villefranche, de la Société Impériale de Physique & de Botanique de Florence, de la Société Économique de Berne, associé à celles de Lyon, de Limoges & d'Orléans, ancien Directeur de l'École Royale de Médecine Vétérinaire.*

*O fortunatos nimium sua si bona norint.* Virg.

A MARSEILLE,
Chez F. BRÉBION, Imprimeur du Roi & de la Ville.
M. CC. LXXI.

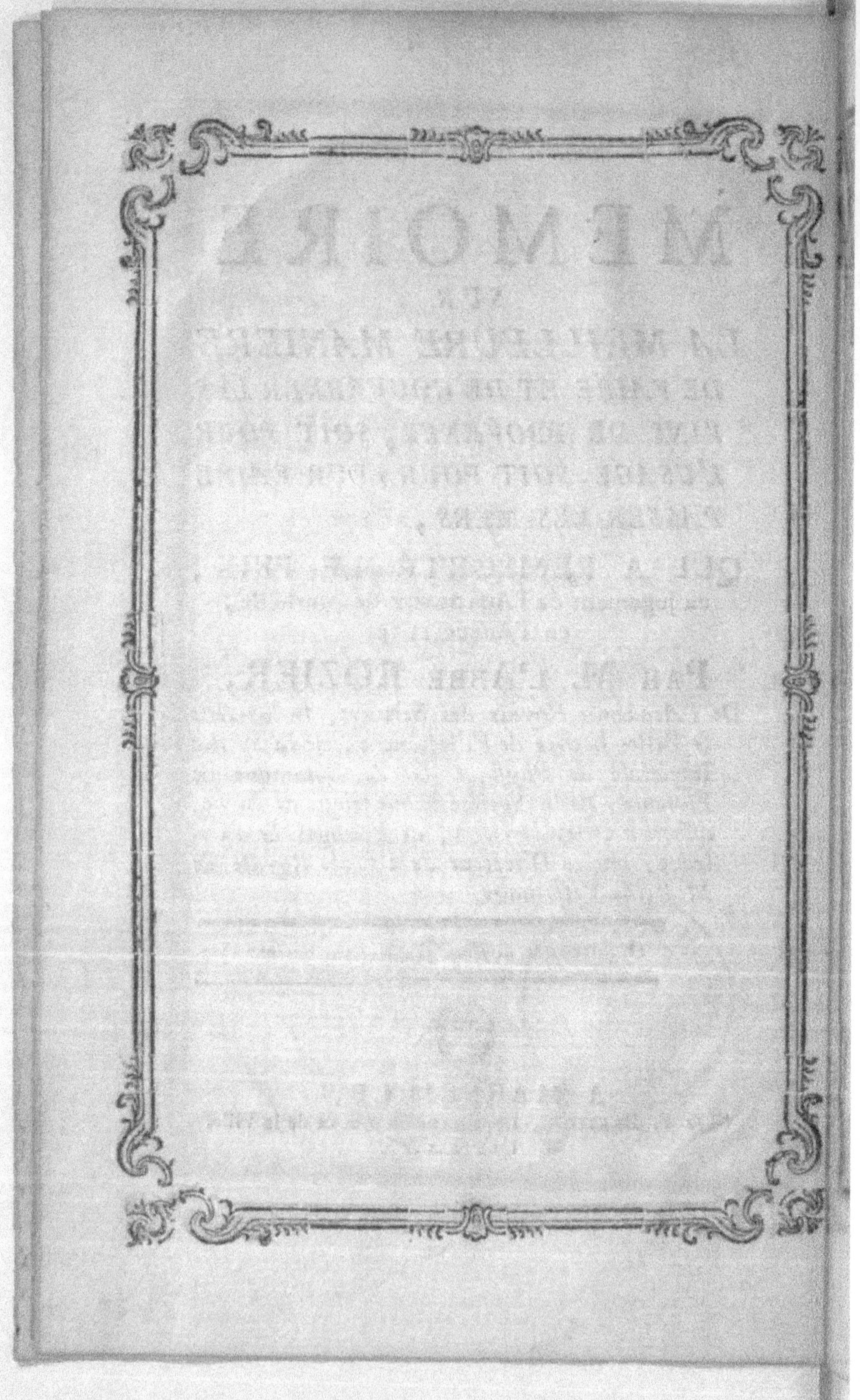

# A MONSEIGNEUR LE DUC *DE LAVRILLIERE*, MINISTRE ET SECRETAIRE D'ÉTAT.

## *M*ONSEIGNEUR,

*Le sage Sully, par son attention singulière à faire fleurir l'Agriculture en France, lui prépara des richesses plus assurées que celles du Mexique & du Perou. Le grand Colbert, trop passionné pour un autre systême, rendit, il est vrai, les deux mondes tributaires de nos Manufactures; mais les encouragemens qu'il accorda, inviterent le Cultivateur à déserter les campagnes, pour n'être plus que l'artisan du luxe & l'ame d'un commerce qui n'est que précaire. Tel est le point de vûe sous lequel vous avez,* MONSEIGNEUR, *regardé le travail de ces deux grands hommes. L'Agriculture fixe depuis long-tems votre attention & votre bienfaisance, sans cependant diminuer pour les autres parties du Ministère, de cette vigilance qui vous caractérise & qui contribue au bonheur de la Nation.*

*C'est le propre de l'exemple de rendre l'admiration utile, & les ames honnêtes n'ont besoin que d'être encouragées pour opérer des prodiges. Vous leur en avez tracé la route,* MONSEIGNEUR, *en faisant acquérir un état à des enfans infortunés à qui nos loix le refusent* (1). *C'est multiplier nos richesses, puisque nos campagnes ne demandent que des bras, & que toute profession honorée est sûre de fleurir. Le bienfait porte toujours avec lui sa récompense; vous avez essuyé des larmes que la reconnoissance faisoit verser à ces laboureurs courbés sous le poids des ans & du travail* (2). *Ils vous virent, & dans l'excès de leur joie & de leur attendrissement, ils vous nommerent leur Pere. Ce mot seul fait leur éloge & le vôtre.*

---

(1) Un certain nombre d'Enfans trouvés, est vêtu, instruit & élevé aux frais de M. de LAVRILLIERE. Ces Enfans sont dans son Duché, employés aux travaux de la Campagne.

(2) Il a établi, dans ce même Duché, un Hôpital pour les Vieux & les Vieilles; il pourvoit à tous leurs besoins, & a assisté plusieurs fois à leurs repas.

*Des faits si chers à l'humanité, vous ont mérité,* MONSEIGNEUR, *l'amitié du Monarque* (3) *& les hommages de tout bon Français. C'est pour coopérer à ces vues patriotiques, que j'ai entrepris un ouvrage spécialement destiné à une Province qui se félicite chaque jour de vous avoir pour Ministre, & je ne l'aurois pas cru digne de vous être offert, s'il n'eût été couronné par son Académie.*

*J'ai l'honneur d'être avec un très-profond respect,*

*MONSEIGNEUR,*

DE VOTRE GRANDEUR,

Le très-humble & très-obéissant Serviteur.

L'ABBÉ ROZIER.

---

(3) Lorsque le Roi apprit qu'un fusil avoit éclaté dans les mains de M. de LAVRILLIERE, & qu'il étoit dangereusement blessé, il s'écria : *Est-ce que j'aurai le malheur de perdre un ami de quarante ans !*

QUELLE EST LA MEILLEURE MANIERE DE FAIRE ET DE GOUVERNER LES VINS DE PROVENCE, SOIT POUR L'USAGE, SOIT POUR LEUR FAIRE PASSER LES MERS?

# MÉMOIRE

QUI A REMPORTÉ LE PRIX, au jugement de L'ACADÉMIE de Marseille, en l'Année 1770.

*Par M. l'Abbé ROZIER, de l'Académie Royale des Sciences, Beaux-Arts & Belles-Lettres de Villefranche, de la Société impériale de Physique & de Botanique de Florence, de la Société économique de Berne, associé à celles de Lyon, de Limoges & d'Orléans, ancien Directeur de l'École Royale de Médecine Vétérinaire.*

---

*O fortunatos nimium sua si bona norint.* Virg.

---

OS Agronomes repétent depuis long-tems cette maxime qui peut avec tant de vérité être appliquée à la Provence. La chaleur de son climat, l'exposition favorable de ses côteaux, l'excellente qualité de ses vins, leur débouché facile, tout en un mot concourt à l'envi, à prouver que les Provençaux seroient riches & heureux, s'ils savoient tirer le parti le plus avantageux de leurs productions. Leurs récoltes en vin sont presque toujours très-abondantes, & ils ne craignent pas, comme dans les Provinces septentrionales, que les gelées du Printems détruisent en un jour leur espérance, que des pluyes froides & fréquentes dans la saison des fleurs de la vigne, délavent & entraînent la poussiere fécondante des étamines, que le raisin dans ce premier âge, soit dévoré par des vers qui souvent font périr plus de la moitié de la récolte; enfin leurs raisins acquiérent ordinairement une maturité convenable. Le grand art est de conserver ce produit précieux, & de retarder le plus qu'il est possible son dépérissement. Pour y parvenir, remontons avec eux aux principes des choses, tachons de connoître le terrain le plus avantageux pour la qualité, choisissons les meilleurs plans, prenons un tems favorable pour récolter les raisins, suivons pas à pas la marche de la nature quand ils seront mis à fermenter, examinons attentivement cette fermentation tumultueuse, & les changemens qu'elle éprouve pour parvenir à l'insensible. Si nous voulons réussir, ne contrarions pas la nature dans ses opérations, & suspendons notre jugement jusqu'à ce que l'expérience nous ait prêté son flambeau : en un mot que la théorie soit le principe de la pratique, & que la pratique affermisse la théorie.

Cette maniere d'envisager les objets, n'est pas, j'en conviens, à la portée du Vigneron grossier, il suit aveuglément la méthode de ses peres, & travaille machinalement ; aussi n'est-ce point pour lui qu'on écrit directement. Le Cultivateur ne s'instruit pas dans les livres ; nos succès, nos bévues dans nos tentatives, voilà son livre, parce que ce sont des faits parlant aux yeux, & les seuls documens qui lui conviennent. *Columelle* dit avec raison, *infelix ager cujus Villicus magistrum non audit, sed docet.*

Il n'en est pas ainsi de l'homme qui fixe le génie de l'observation sur les productions de ses champs. Les loix de la végétation soumises à ses recherches, lui apprennent que toute vigne plantée dans un terrein trop gras, trop nourrissant, poussera vigoureusement, que la sève qui se communiquera du cep au raisin, ne sera pas assez élaborée, que le vin en sera plat & foible, & qu'il ne se conservera pas. La chymie lui apprendra à connoître les principes constituans des corps, l'affinité qu'ils ont entr'eux, le point de perfection de leur mixtion, les moyens de prévenir leur dépérissement & leur décomposition; enfin le grand Art de faire le vin & de le conserver. C'est ainsi que le cercle de ses connoissances, formé par des chaînons qui se lient les uns aux autres, & qui se prêtent des secours mutuels & nécessaires, s'étend, s'aggrandit & compose cette science si avantageuse que nous nommons Agriculture. Heureux celui qui peut augmenter l'étendue de ce cercle, trop resserré pour le bien de l'humanité.

C'est dans cette vûe, MESSIEURS, que vous avez proposé la question suivante si intéressante pour votre Province. Elle est le gage de l'intérêt patriotique qui vous invite sans cesse à contribuer à son bonheur. *Quelle est la meilleure manière de faire & de gouverner les vins de Provence, soit pour l'usage, soit pour leur faire passer les mers.* Je vais tâcher de l'examiner & de la résoudre. Présentons auparavant quelques notions préliminaires.

Le vin est un nom générique que l'on donne à toutes les liqueurs qui ont subi la fermentation spiritueuse, & qui sont maintenues dans cet état par l'éloignement des causes qui pourroient continuer ou renouveller le mouvement dans les parties mixtives qui constituent ces liqueurs.

Le vin tiré du raisin est un composé d'eau, d'air, d'esprit ardent & de tartre. Le produit mobile en est l'esprit ardent; & l'eau, le produit fixe, le tartre & la lie, qui distillés, donnent de l'huile & de l'air, & pour dernier produit, l'alkali & la terre.

Toute liqueur qui renferme un muqueux doux, & qui est placé dans les circonstances convenables, éprouve trois degrés de fermentation, savoir, la *spiritueuse*, *l'acéteuse*, & la *putride*.

On appelle *fermentation spiritueuse*, le premier accident sensible de ce grand genre d'altération que subissent tous les corps muqueux doux, fluides ou rendus tels, abandonnés à eux-mêmes, dont le principal produit est une liqueur singuliérement inflammable, & aisément miscible à l'eau dans toutes les proportions, & dont la nature & les principes mixtifs ne sont pas encore bien connus.

La *fermentation acéteuse* est une continuation ou un renouvellement de la fermentation spiritueuse, qui en change & dénature les principes, & donne une liqueur acide. Elle differe de la fermentation spiritueuse du vin; 1°. En ce qu'elle ne dépose point de tartre. 2°. Elle recombine dans le vin le tartre qui s'y étoit formé auparavant, & qu'il avoit précipité dans la lie ou contre les douves des tonneaux. 3°. En ce qu'elle ne contient point d'esprit ardent. 4°. Ses vapeurs ne sont pas meurtrières. Le vin qui a subi ce degré de fermentation, est nommé *vinaigre*.

La *fermentation putride* est celle qu'éprouvent les liqueurs qui ont passé par la fermentation spiritueuse & par la fermentation acéteuse. On ne reconnoît plus l'odeur, le goût, la couleur qu'elles avoient dans les premieres. Leur produit est tout différent, elles donnent un sel alkali volatil.

Il faut observer qu'il y a des mouts de si mauvaise qualité, que souvent ils passent à la fermentation acéteuse, sans avoir presque éprouvé la fermentation spiritueuse; qu'il y a également des vins si peu riches en principes, qu'ils éprouvent la fermentation putride, sans qu'on se soit apperçu qu'ils ayent subi la fermentation acéteuse. Je me contente d'indiquer ce qui caractérise ces deux dernières fermentations, parce qu'elles n'ont aucun rapport au sujet que je traite, dans lequel il s'agit d'exciter une bonne fermentation spiritueuse, & de la maintenir telle, autant qu'il est de notre pouvoir.

# Chapitre Premier.

## Du Terrain & de l'exposition convenable d'une Vigne. Abus en Provence sur cet objet.

*Non omnis fert omnia tellus.*
*Densa magis cereri, rarissima quæque Lyæo, congruit.* Virg.

JE ne me propose pas de traiter de la Vigne en général, ce seroit m'éloigner du but proposé par L'ACADÉMIE. Si j'entre dans quelques détails sur ce sujet, c'est seulement pour attaquer des abus préjudiciables à la qualité du vin.

I. La Vigne est une des plantes dont la transpiration & la succion sont des plus abondantes ( Voyez les belles expériences de M. Halles dans sa Statique des végétaux, pag. 15, 193, 197, les essais chimiques de Vorb-hierne, &c. ) Sa forte transpiration & sa succion véhémente indiquent le sol & l'exposition qui lui conviennent. Par cette raison, une terre composée de sable, de gravier, de cailloux, de roches pourries, est excellente pour sa culture. La terre sabloneuse produit un vin fin ; la graveleuse & la caillouteuse, un vin délicat ; la roche brisée, un vin fumeux, généreux, de qualité supérieure. La terre franche, forte, froide, compacte, humide, qui s'affaisse à la moindre pluye, & que le soleil durcit, nuit essentiellement à la qualité du vin.

II. L'exposition la plus avantageuse est celle d'un côteau tendant de l'Orient au Midi, & sur lequel le soleil darde ses rayons le plus long-tems possible. Les côteaux voisins de la mer & des rivières sont à préférer à tous les autres. La partie inférieure des côteaux est moins bonne que la supérieure, & toutes les deux ne valent pas la mitoyenne.

III. Tout arbre nuit à la vigne, autant par son ombrage que par ses racines. Que celui qui plante ou cultive la Vigne, ait sans cesse devant les yeux le précepte donné par Virgile, *apertos Bacchus amat colles*. En un mot on ne doit planter la Vigne que dans les terrains où ne peut croître le froment, & je dirai même le seigle rélativement à la Provence, parce que la Vigne n'a besoin que de chaleur, & qu'elle subsiste & pousse très-bien dans les roches brisées. Cette maxime paroîtra outrée à celui qui ne recherche que la quantité, mais conforme aux Loix de la végétation, & à l'expérience, pour l'amateur de la qualité.

IV. Ces préceptes généraux ne souffrent aucune exception. Ils sont reconnus par tous ceux qui ont de bonne foi & sans préjugé, étudié cette partie. Si on suit les préceptes contraires, je ne réponds plus ni de la durée du vin, ni de sa qualité.

V. Ceci observé, tachons de démontrer la méthode abusive de planter les Vignes dans presque toute la Provence. Un Voyageur y contemple une Vigne, son œil peu accoutumé à ce genre de plantation, promene avec plaisir ses regards surpris sur les différentes productions du sol, tout y annonce l'ordre symmétrique d'un jardin. Icî un rang d'Oliviers forme une espèce d'espalier, le vert pâle de ses feuilles contraste agréablement avec celui du blé qui croît à ses pieds; la Vigne forme un peu plus loin un autre espalier où elle est plantée en masse; quelques particuliers la marient artistement avec l'Amandier ou l'Ormeau, & les sarmens se mêlant avec leurs branches, forment une tête singulière & touffue; d'autres laissent la Vigne sans soutien, & comme le sol est très-nourrissant, elle pousse des jets forts & vigoureux, qui s'entrelassent les uns dans les autres: en un mot, ces champs forment un ensemble charmant, qui recrée & flatte la vuë; mais que d'abus décrits en peu de mots! il ne s'agit pas ici du coup d'œil, c'est la production qu'on doit envisager.

VI. De deux choses l'une: ou le terrain est propre

à produire du grain, ou il ne convient qu'à la Vigne. S'il convient au grain, il ne vaut ſtrictement rien pour la vigne, & ainſi tour à tour. Que l'on conſulte tous les Auteurs qui ont écrit ſur le ſol convenable à la Vigne, que l'on conſulte ſur-tout la *raiſon* & l'expérience, & l'on ſera convaincu de cette importante vérité. Je dirai même à ceux qui ne recherchent que la quantité, qu'ils ſe trompent ſur leurs véritables intérêts, en ſacrifiant leurs bons terrains pour des Vignes, depuis que les grains ont pris une valeur réelle, & qui ſe ſoutiendra tant que ſubſiſtera la liberté de leur commerce.

VII. Le vin qu'on retirera du raiſin d'un cep lié ſur un arbre, n'égalera jamais en bonté quelconque, celui d'une Vigne baſſe. On pourroit avec raiſon appeller ces eſpèces de Vigne, *Vignes de haute futaye*. Le raiſin n'y meurit pas auſſi bien que s'il étoit près de terre, & à une diſtance proportionnée pour recevoir la réverbération du ſoleil, qui eſt au moins auſſi chaude que le ſoleil même. Le plan incliné des côteaux le réfléchit mieux que toute autre expoſition. D'ailleurs ce raiſin eſt trop couvert par les feuilles de l'arbre, & par les ſiennes propres, pour recevoir les rayons du ſoleil.

VIII. Deux raiſons peuvent avoir donné lieu à ce genre de culture. 1°. Les Provençaux ont reconnu que la Vigne plantée dans un bon terrain, pompe trop de ſeve par ſes racines, ce qui rend le vin médiocre en qualité; pour cela, ils ont penſé qu'il falloit occuper cette ſeve à pouſſer des bois vigoureux, afin de l'atténuer & de l'élaborer davantage. Cet expédient auroit été avantageux, ſi la Vigne ne pompoit pas pendant la nuit, l'humidité & les ſucs répandus dans l'athmoſphère, & ſi ces ſucs ne deſcendoient pas alors vers les racines avec le ſurplus de ceux qui s'étoient élevés pendant la journée, & qui n'étoient pas diſſipés par la tranſpiration. Ce *pompement*, ſi je puis m'exprimer ainſi, eſt toujours en raiſon de la plus ou moins grande ſurface que préſentent les feuilles. Ainſi plus une Vigne aura d'étendue, plus elle aura de ſurface; plus elle aura de ſurface, plus elle pompera de ſucs pendant la nuit, & plus elle augmentera l'abondance de la ſeve; de là, la trop grande aquosité du vin, son peu de qualité & son peu de durée. Ce premier motif porte donc sur un principe faux ; la conséquence l'est donc naturellement. 2°. L'autre raison qui, peut-être, a occasionné cette culture, est l'exemple donné par la majeure partie de l'Italie, & suivi principalement aux environs de Naples. Il est important d'observer que la chaleur y est plus vive, plus forte & plus soutenue qu'en Provence ; que la majeure partie des vins d'Italie sont communs, que ceux sur-tout des environs de Florence par ex. ne sont pas de garde, que les plans de raisin qu'on y cultive, exigent peut-être cette méthode. Tout cela ne conclud rien pour la Provence. Je sens bien qu'on ne doit pas arracher une Vigne, parce qu'elle ne donne pas un vin précieux ; mais comme j'écris pour faire connoître les moyens de perfectionner le vin, soit pour l'usage, soit pour lui faire passer les mers, je dois parler de tout ce qui est un obstacle à sa perfection. Passe encore si on palissadoit les Vignes à une hauteur moyenne, comme en Bourgogne & en Bugey : il en résulteroit 1°. Qu'elles auroient moins de surface, 2°. Que les sarmens seroient recourbés, ce qui empêcheroit que le canal de la seve ne fût en ligne droite. Tant que ce canal sera en ligne droite, la seve montera en grande abondance & mal digérée. On a senti cette raison, cette nécessité dans le Territoire de Côte-Rotie ( peut-être y est-on parvenu machinalement ) mais le sarment y est plié plus qu'un demi-cercle, opération qui modére la véhémence de la seve.

IX. Quand le cep est rampant, trop sarmenteux, le raisin n'a pas assez d'air, n'est pas assez frappé des rayons du soleil, il est trop à l'ombre & maintenu dans une humidité continuelle, aussi la moindre pluye le fait pourrir pour peu qu'il approche de sa maturité. Il faut que la saison soit bien favorable pour qu'il acquiére de la qualité. Je ne donnerai pas les raisons sur lesquelles sont fondés les principes généraux que je viens d'établir, on les sentira assez, si l'on réfléchit. Elles excéderoient les bornes d'un Mémoire.

## CHAPITRE II.

### Du choix des Raisins.

*Sed neque quàm multæ species, nec nomina quæ sint, est numerus : neque enim numero comprendere refert, quem qui scire velit, libyæ velit æquoris idem discere quàm multæ Zephyro turbentur arenæ.*

I. IL n'est aucune Province en France, dans laquelle on puisse compter un aussi grand nombre d'espèces de Raisin, qu'en Provence. Nous venons de voir qu'il y avoit abus dans le choix du terrain, le même abus est encore plus criant dans celui des raisins. Ce mélange monstrueux ne laisse aucun goût décidé au vin, cette mixtion mal entendue lui ôtant toutes les qualités, ne lui en donne aucune, elle est même décidément mauvaise. Le *Pascau*, p. ex. est mûr, passé & souvent pourri, avant que le *Rondeia* ait acquis une véritable maturité : cependant toutes les espèces de Raisin sont indistinctement mêlées dans la cuve, quel vin peut-on en attendre ? Ne seroit-il pas plus avantageux que les Vignes ne continsent que les plans des raisins reconnus les meilleurs, même en sacrifiant la quantité à la qualité ? Cette prétendue perte se retrouvera facilement par l'augmentation de la vente de ces derniers, & sur-tout par le produit supérieur de ceux destinés à être convertis en eau-de-vie. Le nombre de plans qu'il convient de choisir, ne doit pas exceder cinq ou six tout au plus. Sur ces six, deux doivent dominer &

faire la moitié, & ce feroit encore mieux, si on ne confervoit que deux espèces de Raisin blanc, reconnues les meilleures.

II. Ces principes établis, jettons un coup d'œil rapide sur les différentes qualités, espèces & variétés de Raisin, cultivées en Provence. Je conserve les noms triviaux qui leur sont assignés aux environs d'Aix, n'en connoissant point d'autres, & ne pouvant les caractériser par des phrases botaniques, n'étant pas sur les lieux : je ne parle que généralement de leur qualité, parce qu'elle varie plus ou moins suivant les cantons, l'exposition, la nature du terrain, &c. &c. Les Vignes des environs d'Aix serviront de pièce de comparaison.

III. L'*Aragnan muscat* a le grain plus petit que l'*Aragnan blanc*, sa pellicule est transparente à peu près comme celle du *Claretto*, la grappe est plus longue, les grains plus serrés. L'*Aragnan blanc*, ainsi que l'*Aragnan muscat*, sont très-bons. Le *Claretto* a le grain ferme, pointu par le bout, & donne un joli vin. L'*Uni roux* a la peau molle, beaucoup de suc, doux dans sa maturité, donne beaucoup de vin & assez bon. Le *Muscat blanc* & celui d'Espagne sont bons s'ils acquièrent une maturité parfaite, ce qui n'arrive pas toujours. Voilà à peu près les seuls Raisins blancs de quelque mérite & qualité : mais de quelle utilité sont les autres tels que le *Pascau* qui est trop hatif ; l'*Aubier* dont la peau est molasse & le suc plat ; le *Verdeau* qui n'a point de qualité ; le *Rondeia* qui meurit difficilement, dont la peau est dure, le goût insipide, le vin mauvais ; le *Panso* qui n'est bon qu'à manger ; le *Junin* ou *Raisin de la Magdelaine* dont tout le mérite est de meurir en Juillet, sa variété noire n'est pas meilleure ; l'*Olivetto* seulement agréable dans un dessert ; le *Raisinet* ou *Raisin des Damoiselles* aussi mauvais à manger, qu'à faire du vin ; le *long & gros Guillaumée*, Raisin de pure curiosité, dont la peau est épaisse, le suc insipide & toujours un peu vert ; le *Barbaroux*, ou *Grec*, ou *Maroquin* qui fait un vin grossier, &c. &c. Il n'y a sur ces 18 espèces de Raisin blanc, que les trois premieres qui conviennent, absolument parlant, à toute la Provence.

IV. Les Raisins noirs, moins nombreux, méritent encore une forte exception malgré leur petit nombre. Le *Morvégué* connu dans les differens cantons de Provence sous les noms de *Teoulier*, de *Manousquen*, de *Brunfourcat*, de *Pineau* en Bourgogne, d'*Auverna* à Orleans, de *Morillon* aux environs de Paris, de *Bourguignon* en *Beaujollois*, est le meilleur raisin noir qui y soit cultivé. Le *Catalan* lui est inférieur. Le *Bruno* tient du *Morvégué* & du *Catalan*, & est une espèce à ne pas négliger, ainsi que l'*Oliveretto* dont le suc est doux, meilleux, & le grain plus gros, plus succulent que celui de l'*Olivetto blanc*. L'*Uni noir* a encore quelque mérite. Quant au *Spagnen* ou *gros noir d'Espagne*, il seroit très-bon, s'il meurissoit bien en Provence; mais la chaleur de ce pays n'égale pas celle de l'Espagne. Le *Crussen* qui est croquant & qui approche du *Spagnen*, est trop aqueux. Ainsi tout compte fait, il reste cinq bonnes espèces de Raisins noirs. Ne seroit-il pas plus naturel de renvoyer en Espagne, en Gréce, à Maroc, &c. les plans de raisin qui en ont été apportés? Ne seroit-il pas plus naturel encore de transporter de Bourgogne, de Côte-rotie, &c. les Raisins qui ont de la réputation? Et voici sur quoi est fondé ce principe. Ces bonnes espèces ne donnent des vins supérieurs dans ces pays-là, que lorsque l'Eté & l'Automne ont été chauds, & qu'elles ont acquis une maturité complette. Ces Raisins meuriroient donc parfaitement en Provence, puisqu'il y fait constamment plus chaud, & le vin en seroit excellent. Cette preuve portera avec elle tous les caractères de la démonstration & de l'évidence, si l'on considère que le *Morvégué* est de tous les raisins cultivés en Provence, celui qui y donne le meilleur vin, & que ce raisin est également un des plus renommés dans les Provinces les plus septentrionales. Il est donc très-essentiel de transporter les plans de Vigne, du nord au midi, & non du midi au nord, suivant la préjudiciable coutume de Provence. Je vais encore en rapporter un exemple bien convainquant. *Jean-Michel*

*Schasulan* dit dans sa dissertation inaugurale de Médecine, qui a pour objet les différens vins de l'Europe, considérés comme aliment. *In Hispaniâ maximè laudatur vinum alicante, vinum Tinto. Habetur præterea VINUM PETRI SIMONIS, quod crescit maximè ad urbem Qualdalcazar, nomen habet à plantatore, qui ex Germaniâ ante 100 annos vites deduxit & transplantavit; ut hinc virtus poli, soli & succi hujus in progeneranda diversitate vinorum elucescat, &c.* Cette citation est trop claire pour exiger des commentaires.

V. Tous les Chimistes modernes reconnoissent que le corps muqueux est la seule substance fermentescible, comme elle est la seule qui soit nourrissante. Elle existe dans les végétaux. On la connoit sous le nom de gomme & de mucilage. Plus le corps muqueux est doux, chacun suivant son principe, plus le vin que l'on en obtient est parfait & plus il se conserve. Tel est le vin d'Espagne, &c. Il faut donc rendre doux les vins qui ne le sont pas. Le muqueux des raisins des bons cantons de Provence, est en général assez doux, & plus doux que celui des raisins des Provinces plus septentrionales. Ce principe ne peut être appliqué qu'aux vins petits & foibles, ou pour les premiers dans les années froides & très-pluvieuses, & il faut n'employer autant qu'on le peut, que les raisins dans lesquels on reconnoit la meilleure qualité de muqueux doux, parce que chaque espèce de raisin contient un muqueux différent. Cependant malgré cette grande variété de muqueux dans les raisins, on peut les classer sous quatre ordres généraux, en les distinguant en *muqueux fades* ou *presque insipides*, en *acides* ou *aigres*, en *austères* ou *apres*, *en doux* ou *sucrés*. Je conviens que ces quatre divisions générales n'indiquent pas toutes les nuances d'un genre à l'autre, la chose auroit été impossible ou du moins très-longue & fastidieuse pour le Lecteur; mais elles suffisent pour se faire entendre, & pour en faire l'application, c'est tout ce que je me propose. Voyons leurs différens produits.

VI. Tout *muqueux fade* assez semblable à celui des gommes, tel, p. ex. celui du *Juain* & du *Pascau*, placé dans la position la plus avantageuse à la fermentation, exposé à un air libre & à un degré de chaleur convenable, devient legérement acide & bientôt après pourrit. Un vin où pareil muqueux domine est très-sujet à pourrir.

VII. Le *muqueux acide*, tel que celui de l'*uni blanc* & ordinairement du *Spagnen*, &c. mis dans les mêmes circonstances, se soutient quelque tems dans cette acidité, & passe plus lentement à la putridité, que le muqueux fade; parce qu'on ne connoit aucune substance végétale acide, qui ne contienne plus ou moins, en même tems, de muqueux doux, qui est le reservoir d'où la nature tire les esprits ardens. Ce n'est que par la maturité, que l'acide peut être enveloppé dans le mucilage.

VIII. Le *muqueux apre* produit un vin lorsqu'il a subi la fermentation, parce qu'il contient beaucoup de corps de muqueux doux; mais c'est un vin dur, austère, astringent, qui garde en un mot toutes les qualités du corps qui l'a produit. Les genres d'altération auxquels ce vin est sujet, sont la *pousse & l'acidité*.

IX. Le corps *muqueux doux* est le seul qui soit vraiment susceptible de la fermentation spiritueuse. Lorsque ce muqueux surabonde dans une liqueur, ou qu'il occupe les parties du liquide, il n'y a point de fermentation, parce que c'est la liquidité qui lui donne le premier mouvement. Dans ce cas on est obligé d'ajouter de l'eau pour étendre le corps doux dans la liqueur. Il faut quelque fois employer ce moyen pour les vins appellés *vins de liqueur*, dont le mucilage est trop épais, ou quand on les a fait cuire trop rigoureusement. Cet exemple n'est pas rare en Italie. Ce sont les seuls cas où il soit prudent d'ajouter de l'eau au vin. Je suis bien éloigné de penser comme M. *Maupin* dans son Traité qui a pour Titre, *l'Art de multiplier le vin par l'eau, sans nuire à sa qualité, & même en l'augmentant.* Je conviendrai seulement que ce vin ne peut nuire à la santé, mais je dirai que cette eau ajoutée à un moût en fermentation, & sur-tout à un moût des environs de Paris, sur lequel M. *Maupin* a fait ses expériences, nuit à la qualité, à la bonté & à la durée du vin. Les années pluvieuses ont depuis long-tems décidé cette question. Quoique je ne sois pas en ceci du sentiment de cet Auteur, je rends avec plaisir un sincère hommage à son érudition & aux autres préceptes instructifs qu'il a donnés.

X. C'est d'après la connoissance de ces quatre classes de muqueux, comparée avec la connoissance des différentes espèces de raisin cultivées en Provence, que le Cultivateur peut juger de la qualité qu'aura son vin, du tems qu'il se conservera, & du choix qu'il doit faire des raisins. Je n'ai qu'un souhait à faire en terminant ce Chapitre, son exécution instruiroit plus que les meilleurs Mémoires. Puisse un Provençal ami de sa Patrie & de la vérité, bon observateur, riche, instruit dans l'art de faire le vin, s'attacher & suivre exactement l'expérience suivante. Qu'il ait des Tonneaux de six *asnées* (*) au moins chacun, & en assez grand nombre pour en pouvoir destiner deux à chacune des espèces de raisins connus dans le pays. Il aura ainsi deux petites cuves composées d'une espèce de raisin sévérement séparée de toute autre espèce. Il gouvernera l'une de ces cuves suivant la méthode vulgaire, & il suivra pour l'autre au contraire la méthode que j'indiquerai ci-après. Le résultat de chacune des opérations, étant comparé, on connoitra parfaitement l'espèce de muqueux fournie par chacune des espèces de raisin soumises à l'expérience; & connoissant le degré de muqueux, on sauroit dans quelle

(*) L'Asnée *est composée de* 90 pots *mesure de Paris. Le* pot *ou* pinte *contient deux livres de liqueur.*

proportion son moût devroit être mêlé avec celui des autres Raisins. Une Théorie éclairée succéderoit alors à une routine aveugle, & si quelques circonstances particulières pouvoient encore déterminer à s'écarter des voyes de perfection, il seroit aisé de remonter à la source de l'erreur, tranchons le mot, ou plutôt de l'abus des dons de la Nature.

*Non eadem arboribus pendet vindemia nostris.* Virg.

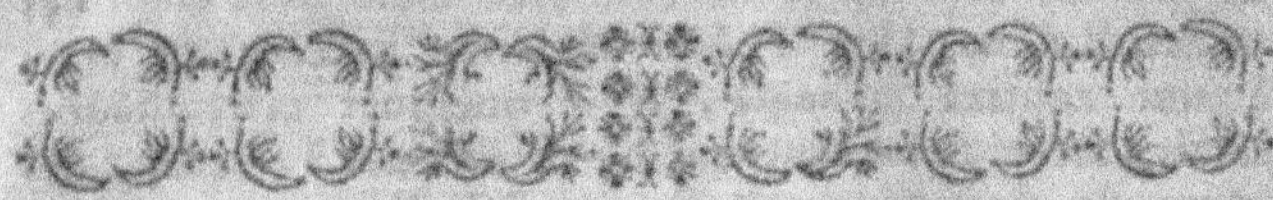

## CHAPITRE III.

### Du tems le plus convenable pour vendanger.

*Totas æstu terit area fruges. Virg.*

I. LE tems le plus convenable pour vendanger, est fixé par l'inspection de la grappe ; principe incontestable. Si elle est encore verte, differez de quelques jours, & donnez le tems à la chaleur de lui faire acquérir une couleur brune, ou même de la séche, pour ainsi dire. (1) Les années 1753, 1761 ont prouvé

(1) *On laisse faner le raisin sur le cep pour faire le vin muscat de Rivesaltes. On suit la même méthode dans les Isles de Candie, de Chypre, en Espagne, &c. Il est des endroits où l'on ôte la majeure partie des feuilles du cep quand le raisin approche de sa parfaite maturité. Ces feuilles, comme j'ai dit Ch.* I. *n°.* VIII. *pompent pendant la nuit par les petites bouches de leur surface inférieure, les sucs & l'humidité répandus dans l'athmosphère, & font pendant le jour la fonction d'organes excrétoires : ainsi en supprimant ces feuilles, la même quantité de séve ne se communique plus aux raisins. Il arrive de là qu'ils laissent évaporer l'eau surabondante de la végétation, & acquièrent plus de muqueux doux. Les vins de Provence n'auront jamais la qualité des vins de Champagne & de*

cette vérité, la raison la démontre même sans l'expérience. Tant que la grappe est verte, c'est un signe qu'une sève encore trop abondante & pas assez élaborée se porte du cep au raisin. Il est alors trop aqueux, pas assez sucré, & il ne se change en véritable muqueux doux, que quand les filieres par où passe la sève, ont été plus astreintes, plus resserrées, & n'en laissent monter qu'une quantité plus petite & plus atténuée (1). Il arrive de là que la sève se portant moins abondamment, la chaleur dissipe la partie surabondante de la végétation dans les raisins, prépare plus de muqueux doux, & par conséquent plus de qualité pour le vin. Je sais qu'il est des Automnes pluvieuses ou froides, pendant lesquelles le raisin pourrit plutôt que de meurir, & la grappe reste verte & très-verte. Il convient alors de choisir le point le plus complet de maturité rélativement à la saison, ce qui ne change en rien le principe que je viens d'établir.

II. Ne seroit-il pas possible de trouver un expédient capable d'empêcher la pourriture? Je n'ose l'affirmer, n'en ayant pas fait l'expérience: cependant je pourrai sans témérité établir pour principe, que les pluyes fréquentes d'automne, que l'athmosphère abondamment

---

*Bourgogne, ni celle des vins appellés* vins de riviere, *excepté ceux de Riés qui en approchent un peu. On doit donc les faire approcher le plus qu'il sera possible de la qualité des meilleurs vins d'Italie; ils n'en auront jamais la douceur, à moins qu'on ne les fasse cuire. Plus amis de l'estomac, ils seront plus chauds, plus spiritueux, & formeront une classe mitoyenne & excellente entre les vins des Provinces plus septentrionales de France, & ceux d'Italie.*

(1) *Les vins d'*Arbois, *de* Chateau-Chalons *en Franche-Comté, sont de tous les vins de France ceux qui approchent le plus en qualité, ceux d'Italie, c'est-à-dire, les bons vins liquoreux. On n'y vendange qu'à Noël, ou du moins après que les gêlées on fait tomber les feuilles.*

chargé de vapeurs humides, que la terre impregnée d'eau, communiquent aux raisins une féve trop fluide & surabondante, que la chaleur ne formant pas assez de muqueux doux dans les grains, ou le délavant trop, ou même le noyaut, le disposent promptement à la pourriture. Ceci est prouvé, 1°. La vigne transpire beaucoup moins quand il pleut, & presque point si la pluye est froide; sa forte transpiration ne recommence souvent qu'après douze heures de beau soleil, & quelquefois après deux jours. 2°. L'eau qui auroit été transpirée, & qui devient à charge, a reflué dans le raisin, ainsi que la vapeur humide que les feuilles absorbent pendant la nuit: tout cela concourt à augmenter son aquosité, & à la rendre superflue & nuisible. 3°. Plus les particules constituantes des corps doux sont rapprochées, moins elles sont susceptibles de fermentation, & par conséquent de pourriture. 4°. Le raisin ne pourrit dans ces circonstances, que quand il commence à meurir, & sur-tout quand il approche de sa maturité, c'est-à-dire, quand son acidité est plus enveloppée dans le muqueux doux (le raisin ne pourrit jamais étant vert). Je crois pouvoir dire après ces raisonnemens, que le même expedient dont j'ai parlé dans la note 1. feroit employé très-utilement dans ce cas. En effet en supprimant un nombre proportionné de feuilles, la féve montera moins impétueusement. La vérité de ce principe est si reconnu par tous les Physiciens, que je ne prendrai pas la peine de la démontrer: ainsi quand la féve sera moins abondante, le muqueux doux se préparera, se développera lentement, il sera mieux formé, moins délavé, moins noyé, & il se conservera mieux. Je conviens que si la pluye continue, le vin aura peu de qualité, mais la pourriture du raisin ne l'altérera pas, & le raisin pourri, même après avoir été desséché par le soleil, nuit à la qualité & à la quantité. Je ne donne cet expédient que comme conjectural, mais ayant tous les degrés de probabilité, je le vérifierai cette année, s'il est possible.

III. Le jour fixé pour la vendange, ne doit pas être

indifférent (3) ; j'ai vu en 1709, du raisin cueilli le 7, 8, 9 Octobre, rester dans la cuve jusques au 19, sans que la moindre fermentation se fut manifestée (le même phénomène arriva également en 1740) parce que pendant les jours indiqués, le Thermomètre, division de Reaumur, avoit été le matin à un degré & demi au dessous de O, & qu'il s'étoit maintenu pendant la journée seulement à deux degrés au dessus de O. Les vignes voisines vendangées le 10, n'ont resté à completter leur fermentation dans la cuve que jusqu'au 21 ou 22, tandis que celles qui ont été vendangées le 7, 8, 9, ont demeuré avant de parvenir au point d'être tirées, jusques au 23 & au 25 du même mois. Un Seigneur du voisinage de l'endroit d'où j'écris, m'a assuré que le 30 Octobre son vin n'étoit pas encore fait. L'on verra, Ch. V. n°. IX., qu'il faut au moins 10 degrés de chaleur pour que la fermentation soit sensible.

IV. L'Automne de 1763 sera époque, & elle a donné lieu à l'observateur de s'assurer de plusieurs faits importans. Les raisins encore verts, c'est-à-dire, ceux dont l'acidité n'étoit pas suffisamment enveloppée dans le muqueux doux, & qui ont été surpris par les gelées du 7, 8, 9 Octobre, ont donné un vin acide. Les

---

(3) *Les Provençaux doivent s'estimer heureux de ce qu'ils ne sont point assujetis au Ban des vendanges. Cette entrave ajoutée à leur mauvaise manière de faire le vin, y mettroit le comble. Nos Agronomes repétent depuis long-tems, que l'essence du Commerce & de l'Agriculture est la liberté. Le tems, sans doute, n'est pas encore venu de sentir toute la nécessité & l'importance de cet axiome. Puisse cependant le génie tutelaire de la Provence, la préserver de Réglemens, d'Ordonnances & de fausses critiques de Législation ! A quelle extrêmité ne seroit-elle pas réduite, si elle étoit soumise au Ban de vendange, puisqu'elle a des raisins qui meurissent un mois avant les autres.*

raiſins n'ont rien gagné à reſter ſur le cep jusqu'au 15 ou au 16 de ce même mois, parce que le pedoncule, pécou, ou grappe, étoit entiérement deſſéché ou pourri, & que la ſeve n'avoit plus de communication, enfin parce que le muqueux doux n'étoit pas aſſez formé, & qu'il a reſté acide. La fermentation tumultueuſe a été très-lente & très-foible; ces vins ſe ſont décolorés en grande partie dans le tonneau, & ſont preſque parvenus à la nuance du vin gris. La partie réſineuſe colorante n'étoit pas aſſez créée, & la fermentation tumultueuſe étant trop foible, n'a diſſou qu'imparfaitement la petite quantité de réſine déja formée. Cet accident n'eſt point arrivé aux raiſins qui lors de la gelée approchoient le plus du point de leur maturité, ni à ceux que leur expoſition a garanti en partie du fatal effet de ce météore; il leur a même procuré une qualité ſupérieure à celle qu'ils auroient eue. 1°. La grappe étoit moins herbacée, & par conſéquent moins vivement attaquée, mais cependant aſſez pour que la ſeve ne ſe communiquât plus auſſi abondamment du cep au raiſin, & qu'elle fût mieux travaillée à cauſe du retréciſſement des filiéres par où elle paſſe. 2°. La gelée a diminué dans le grain du raiſin l'eau ſurabondante de la végétation, ſans endommager le muqueux doux; & l'on doit même dire qu'il a été mieux concentré. 3°. Les vins ont été mieux colorés. La réſine n'étant pas noyée dans une ſi grande quantité d'eau, l'eſprit ardent a eu ſur elle une action plus immédiate. Les Propriétaires des vins de cette claſſe, qui ont attendu 8, 10, 12 jours à vendanger après cette époque, ont été agréablement ſurpris de trouver une qualité ſupérieure à leur vin, ſans en rechercher la cauſe. Cet exemple prouve combien il eſt important de choiſir un tems favorable pour vendanger.

V. On doit choiſir pour vendanger, un jour où le Ciel ſoit ſans nuages, le ſoleil ardent, la chaleur vive & forte, afin de donner le tems au ſoleil de diſſiper la roſée & le brouillard. Le froid que tous deux impriment à la vendange, retarde les premiers mouvemens de la fermentation. On ſuit exactement cette méthode pour les vins rouges dans tous les cantons de Bourgogne, du Maconois, du Beaujollois, de Côte-rotie, &c. La méthode opposée est suivie en Champagne seulement pour les vins blancs, afin de les obtenir parfaitement clairs & transparens. On vendange avant le soleil levé, ou du moins avant qu'il ait dissipé la rosée & le brouillard. Je regarde cette rosée comme une des causes qui rendent ces vins si mousseux, parce qu'elle contient un nombre de fois très-considérable, son volume d'air. Le Champenois ne met pas fermenter ce vin blanc dans des cuves, comme cela se pratique à *Poilly*, à *la Charité sur Loire*, &c., il perdroit une partie de son air surabondant dans cette fermentation. Les tonneaux sont bouchés avec des feuilles au moment qu'ils sont pleins; quelques-uns les remplissent seulement aux trois quarts, & les bouchent exactement. Il ne s'échappe donc sur-tout de ces derniers, qu'une légère partie de l'air surabondant, & l'autre reste combinée dans la liqueur : d'ailleurs on met ce vin en bouteille, en Mars ou en Août, tems auquel la fermentation insensible se renouvelle (le vin mis en bouteille en Mars, est plus mousseux que celui qui est mis au mois d'Août, & si on attend le mois d'Octobre ou de Décembre suivant, il ne mousse plus). Il arrive de là, que la fermentation insensible se continue vivement dans les bouteilles (il en éclate beaucoup); que par la fermentation l'air se dilate; qu'au moment qu'on débouche une bouteille, l'air qui étoit comprimé, & qui trouve une espace pour se débander, sort avec force en chassant au loin le bouchon & avec éclat, soûleve la liqueur, s'élance du fond de la bouteille en un million de globules qui en éclatant dispersent de toute part la liqueur qui les contenoit. L'air combiné dans les eaux minérales, comme celles de *Valz*, de *Seltz*, de *Vichi*, de *Piermont*, de *Spa*, &c. leur donne le goût de vin de Champagne. Ne peut-on pas juger de l'un par l'autre, & dire que c'est la présence de l'air combiné, qui leur communique ce montant? La preuve en est que si l'un ou l'autre reste débouché, ils perdent ce goût aéré qui les caractérise.

J'aurois pu ne pas parler de la méthode de Champagne, mais elle peut donner l'idée à quelques Provençaux de la mettre en pratique, & peut-être leurs expériences deviendront utiles à la Province. Ils imiteront cette espece de vin, en ne vendangeant qu'à la rosée, & sur-tout en n'attendant pas tout-à-fait la maturité entiere du raisin. Revenons à notre sujet, dont cette digression nous a écartés.

VI. Vendanger avec le soleil est un point important, mais n'entrer dans la vigne que quand le raisin est échauffé, n'est pas moins essentiel. L'exemple cité Ch. II. n°. III. en est la preuve. Je dis plus, je demande encore que le Propriétaire laisse dans des Vaisseaux peu profonds & très-larges, la vendange exposée à toute l'ardeur du soleil, au moins jusqu'à deux ou trois heures après midi, & qu'il la renferme dans le cellier, s'il n'a pas le tems de la mettre dans la cuve le même jour, afin qu'elle ne perde pas pendant la nuit, cette chaleur si nécessaire à la fermentation. L'exécution de ce procédé paroîtra peut-être difficile pour les possesseurs de vignobles considérables; mais s'ils ne peuvent laisser toute la vendange, qu'ils en laissent du moins une partie; s'ils trouvent que cette opération donne trop d'embarras, ce n'est plus pour eux que j'écris, on ne perfectionne pas le vin sans peine. On enleve, en laissant les raisins ainsi exposés, une partie de l'eau surabondante de la végétation, & en voici la preuve. Il est bien avéré en Champagne que sur la quantité de raisins nécessaires pour remplir 24 barilles de vin, on en trouve une 25me. quand on vendange avec la rosée, une 26me. quand on a vendangé avec le brouillard, combien ne doit-on pas en trouver de surnuméraires en vendangeant avec la pluye! Indiquer ces différences, n'est-ce pas trop instruire celui qui ne cherche que la quantité! Quel est le bien dont la cupidité n'abuse pas! Mon motif est mon excuse.

## CHAPITRE IV.

### *Des soins nécessaires en mettant le raisin dans la cuve, & pendant le tems de la fermentation.*

I. NOus ne voyons que trop souvent des Automnes pluvieuses & froides pendant lesquelles le raisin pourrit, ce qui contraint le Propriétaire à vendanger sans le soleil & même pendant la pluye. Il est très-prudent dans ces deux cas de faire acquérir par l'art le degré de chaleur nécessaire à la fermentation, en jettant du moût bouillant au fond de la cuve, 1°. Quand on commence à la remplir, 2°. Quand elle est à moitié pleine, 3°. Quand elle est entiérement remplie. On peut chaque fois en jetter suivant le besoin, 20 ou 30 pintes mesure de Paris. Ce moût bouilli & bouillant équivaut, quoique foiblement, à la chaleur de 10 degrés que j'ai dit être nécessaire pour le commencement de la fermentation, ce que je prouverai Ch. V. n°. IX. Il en résulte un second avantage. Une partie de l'eau surabondante de la végétation, s'évapore en faisant bouillir le vin, & le muqueux doux ou sucré se trouve plus rapproché. Ce moût bouilli mis dans la cuve, occupe plus d'eau en s'étendant & s'unissant avec celle qui est dans le moût en fermentation, il ajoute plus de muqueux doux & par conséquent plus de principes pour la fermentation, puisque le seul muqueux doux en est susceptible. L'expérience la moins équivoque a jusqu'à ce jour confirmé cette pratique. C'est au propriétaire à proportionner la quantité du moût bouillant, à la grandeur de sa cuve, à la chaleur de la saison, & à la nature du muqueux qui fermente (4).

II. Il est indispensable, soit que les raisins soient parfaitement ou médiocrement mûrs, de les faire égrapper, en les mettant dans la cuve. C'est à l'occasion de cette grappe que se renouvellent toutes les puérilités des Anciens. La coutume des bons cantons de Champagne, de Bourgogne, de Côte-Rotie & de tous les pays où l'on connoît l'art de faire le vin, ne peut faire revenir bien des gens de leur ridicule préjugé, ni vaincre leur obstination. Que celui qui veut être trompé, le soit; cependant examinons si la grappe peut être de quelque utilité pour le vin.

III. La grappe est un prolongement de toutes les parties du sarment, c'est-à-dire, un composé d'une substance ligneuse & d'un suc ou sève dont la saveur est âpre & très-austère. Que l'on considère & que l'on mâche l'un & l'autre, on trouvera l'analogie la plus exacte. Ainsi il n'est pas plus absurde de dire qu'il est avantageux de mettre du sarment fermenter avec le

---

(4) *J'avois donné ce conseil à un de mes voisins qui avoit vendangé pendant les jours froids dont j'ai parlé Ch. III. n°. III. Il fut à ce sujet consulter un homme qui passe pour le Docteur du canton.* Gardez-vous en bien, *dit-il*, votre cuvée aigriroit. *Cet oracle auroit été juste à la rigueur, si la fermentation avoit été bien établie & avancée, si le moût avoit déjà fermenté, & si dans ces circonstances la quantité de moût bouillant avoit été trop considérable. Pour qu'un vin aigrisse, il faut qu'il absorbe l'air, Ch. IX. n°. IX., & lorsque la fermentation s'établit, il perd une partie de l'air surabondant qu'il tenoit combiné. Au surplus voyez le Mémoire de M.* Barberet *pour empêcher la pousse des vins, le Traité de M.* Maupin *sur l'art de faire le vin, les questions proposées par la société Royale d'Agriculture de Lyon, en un mot tous les Auteurs qui ont écrit sur ce sujet. Il semble que les hommes se plaisent dans l'erreur pour n'avoir ni le courage ni la peine de réfléchir.*

raisin, que de laisser la grappe ; la parité est parfaite. Elle conserve jusqu'à son entiere siccité, un goût acide & austère, & ne perd jamais ce dernier. Il arrive de là, que fermentant avec le moût, elle lui communique ses mauvaises qualités sans lui en faire gagner aucune. Un vin dégrappé est plus délicat qu'un vin qui ne l'est pas, c'est un fait. Le vin du pressoir de la troisième & quatrième coupe sent la grappe ; il est par conséquent âpre, dur & austère. La grappe influe donc sur la qualité du vin ? C'est encore une perte pour la quantité, puisqu'on ne peut pas retirer par l'effet du pressoir, tout le vin qu'elle s'est approprié. Il est de fait que ces grappes donnent plus d'esprit ardent, proportion gardée, que la liqueur même ; parce que les grappes, ainsi que les pellicules des raisins, ont amassé comme une écumoire, la plus grande partie des fleurs de vin, & qu'elles en ont peu perdu par la pression, & le *gas* (5) qui est niché dans ces matieres spongieuses, a la propriété de former l'esprit ardent par son union avec les huiles qui abondent dans ces substances. On s'apperçoit sur-tout des mauvais effets de la grappe sur le vin dans les années froides & humides, parce qu'elle est plus aqueuse & plus herbacée. Il me paroît que quand on n'auroit pas l'expérience pour garant le plus autentique, ce raisonnement seul prouveroit la nécessité d'égrapper le raisin. Je ne parle ni de la forme, ni de la grandeur de l'égrappoir, elles sont trop connues.

IV. Nous avons encore trois objets essentiels à re-

---

(5) *Les Chimistes ont donné ce nom aux parties volatiles invisibles qui émanent d'elles-mêmes de certains corps, qu'on ne peut retenir que très-difficilement, & encore ne sont-elles point pures. La plupart des gas, sur-tout ceux qui affectent violemment le genre nerveux, ne paroissent être que du phlogistique pur ou presque pur, qui se dégage des corps, sans être dans l'état d'ignition.*

marquer, 1°. Que la cuve soit remplie le même jour, ou au plus tard le lendemain. 2°. Qu'elle soit placée dans un cellier, & non en plein air, ou dans une cave. 3°. Plus la cuve sera grande & remplie, plus la fermentation sera vive, forte, & mieux elle se complétera. La chaleur du climat de Provence, excite ordinairement la fermentation dès le premier jour, surtout si le raisin a été cueilli à l'ardeur du soleil: ainsi en différant plusieurs jours à remplir une cuve, ou ne la remplissant que par intervalle, l'agitation fréquente que subit la masse de la liqueur fermentante, nuit à la fermentation: d'ailleurs il est impossible que la vendange qu'on y jete, ait le même degré de chaleur que celle qui est dans la cuve, ce qui retarde la fermentation; & si elle étoit plus chaude, la fermentation recevroit une impulsion trop forte qui dérangeroit sa continuité. Il s'éleve au dessus de la liqueur pendant que la fermentation s'exécute, une quantité d'écume nommée fleur de vin, qui forme promptement une croute épaisse, contre laquelle le *gas* lors de sa formation se réverbère comme contre une voute, & trouvant peu d'issuë pour s'échapper, il séjourne plus long-tems dans la liqueur, & s'unit plus abondamment avec les huiles à mesure qu'elles se forment, d'où il résulte plus de principes pour le vin. Ainsi quand on jete en plusieurs jours différens, la vendange dans la cuve, on altère la continuité de la fermentation, on la dérange dans cette opération, on rompt cette croute nécessaire, on donne plus d'issuë au gas, enfin on diminue la qualité du vin.

V. Si une cuve n'est pas renfermée dans un cellier, & qu'elle soit exposée à l'air, la fermentation sera troublée par l'air froid de la nuit, & par les variations de l'athmosphère. Le soleil attirera une plus grande partie de l'air surabondant & du phlogistique (6); &

(6) *Je dirai avec* Macquer *qu'il est plus aisé de connoître le phlogistique, ou principe inflammable, que de*

quand cela ne feroit pas, il précipiteroit trop la fermentation, & enfuite la fraicheur de la nuit la ralentiroit trop. Il faut donc chercher à éloigner toutes les caufes contraires à fa continuité. Pourquoi les bornes trop refferrées d'un Mémoire ne me permettent-elles pas de m'élever avec force contre l'abus malheureufement trop général en Provence, en Languedoc, & dans le bas Dauphiné, de placer les cuves dans les caves. C'eft choifir de tous les emplacemens donnés, le plus oppofé à la fermentation ; & pour rendre cette méthode encore plus pernicieufe, les cuves font en pierre ou en maçonnerie. Qu'on fe rappelle qu'il faut au moins 10 degrés de chaleur pour que la fermentation commence à être tant foit peu apparente. Il eft encore bien démontré que la lenteur avec laquelle elle s'exécute, eft une perte réelle de la majeure partie du fpiritueux. Je ne fuis plus furpris fi on eft obligé de laiffer paffer la fermentation tumultueufe avant de pouvoir entrer dans ces celliers fouterrains, le *gaz* répandu dans l'athmofphère empêche d'y pénétrer, il feroit même dangereux de s'y expofer avant qu'il fut évaporé au moins en partie.

VI. Plus la vendange fermente en grande maffe, plus la fermentation eft rapide, tumultueufe, avec fifflement, mieux elle eft maintenue telle jufqu'à la fin, & plus le vin gagne pour la qualité. Comparez un vin fait dans un tonneau de fix *afnées* qui aura fervi de cuve,

---

*le définir. Voici en quoi il diffère du feu élémentaire. 1°. Quand il s'unit à un corps, il ne lui communique ni chaleur, ni lumiere. 2°. Il ne change rien à fon état de folidité, ou de fluidité, en forte qu'un corps folide ne devient point fluide,* & vice verfa. *Il rend feulement les corps folides auxquels il fe joint, plus difpofés à entrer en fufion par l'action du feu ordinaire. 3°. Nous pouvons le tranfporter d'un corps auquel il eft joint, dans un autre dans la compofition duquel il entre & demeure fixé.*

avec celui qui aura fermenté en plus grande masse, toutes les autres circonstances étant égales, vous y trouverez une différence frappante; elle seroit encore plus frappante, si la petite cuve étoit placée dans une cave.

VII. Il est encore des moyens très-efficaces pour perfectionner la fermentation. Si le Propriétaire se refuse à égrapper le raisin, il faut au moins le faire fouler exactement quand on le met dans la cuve. Il en résulte deux avantages, 1°. La vendange nage dans un plus grand fluide, & la fluidité donne le premier branle à la fermentation. 2°. La résine colorante qui adhère intérieurement à la pellicule du raisin, se trouve plus à découvert que si le grain du raisin eut resté attaché à sa grappe. Elle est par là plus facilement dissoute à mesure que se forme l'esprit de vin (7) par la fermentation, & par conséquent le vin est mieux coloré. Mais un moyen des meilleurs & des plus efficaces pour perfectionner la fermentation, est de couvrir la cuve. Ce couvercle retient le *gas*, au moins en partie, & ce *gas* est essentiel pour desunir les principes du raisin, & pour les changer en vin. Ce n'est point une nouveauté de spéculation que j'annonce, & imaginée dans le fond d'un cabinet, mais un fait de pratique fondé sur l'expérience, & dont de plus en plus je reconnois le succès. Le sentiment de *Sthal* est que les vapeurs qui se perdent pendant la fermentation, diminuent beaucoup la partie spiritueuse de la liqueur. Voyez sa *Zimotecnie*, le journal économique de Novembre, dans lequel l'Auteur propose de couvrir la cuve d'une espèce de casque ou de tuyau recourbé. Les esprits qui s'élevent pendant la fermentation, ne pouvant s'échapper qu'en petite quantité, se mêlent & se

---

(7) *Les résines ne sont pas solubles dans l'eau, mais seulement dans les esprits ardens. Le vin ne doit donc sa couleur rouge, qu'à la dissolution étendue de cette résine, qui s'exécute à mesure que la fermentation forme l'esprit ardent.*

recombinent de nouveau avec la liqueur fermentante. Voyez encore M. *Maupin* dans son essai sur l'art de faire le vin rouge.

VIII. Appliquons aux deux extrêmes ce que j'ai dit dans ce Chapitre, c'est-à-dire, aux qualités de moût opposées. Dans les mauvais cantons, ainsi que dans les années froides & pluvieuses, le moût est trop aqueux, & n'est pas suffisamment chargé de muqueux doux; dans les bons cantons & dans les années chaudes, le moût peut être trop doux & trop syrupeux. Il convient dans le premier cas d'ajouter outre le moût bouillant dont j'ai parlé n°. I., du moût cuit réduit à tiers par l'ébullition, ou même en consistance de syrop. Cependant ce moût cuit peut encore malgré l'évaporation d'une partie de son eau surabondante, conserver quelques nuances de son premier état, l'austérité p. ex. l'acidité, &c. il convient alors de recourir à un autre genre de muqueux doux. Tous les corps éminemment doux & sucrés, peuvent être employés. Le miel me paroit préférable à tous les autres. Il doit être exactement délayé dans le moût avant qu'il fermente, & répandu également dans la cuve. Le vin qu'on retirera du pressoir & de la cuve doit être mêlé dans le tonneau, parce que ce dernier ne participe pas autant du correctif que l'autre. Que l'on compare un vin produit par un moût de mauvaise qualité, mais miellé, avec du vin semblable & qui ne l'aura pas été, on jugera alors de l'utilité du moyen que je propose. L'on conçoit bien que ce correctif est plus ou moins nécessaire, souvent inutile & même nuisible suivant les années, les cantons, &c. Il faut prendre garde que ce miel soit dans son état naturel, c'est-à-dire, point frélaté par les Marchands de mauvaise foi, par exemple avec de la farine pour en augmenter le volume. Cette farine fermentant avec lui, le conduit promptement à l'acidité, & de là à la putréfaction.

IX. On me dira peut-être que cette substance doit communiquer au vin sa saveur mielleuse & désagréable. Je réponds 1°. Que l'aloës & la coloquinte perdent leur amertume en fermentant. 2°. Que la fermentation du vin est bien plus vive & plus rapide que celle qui forme l'hydromel, ce qui dénature davantage son aggrégation mixtive, parce qu'on travaille une plus grande masse de matériaux, parce que le moût, même miellé, est plus délayé, moins syrupeux que l'eau miellée qui donne l'hydromel (elle doit soutenir un œuf), parce que le raisin donne plus d'air que le miel, ce qui agite, échauffe & atténue davantage les parties intégrantes de la matiere; parce que le véhicule dans l'hydromel est l'eau, tandis que dans l'opération présente c'est un composé de substances qui ont chacune leur goût particulier, & que d'ailleurs le miel ne fait ici qu'une très-petite quantité, comparé avec la masse totale.

X. Les moûts des bons vignobles de Provence pêchent ordinairement par le défaut contraire, c'est-à-dire, qu'ils sont trop doux, trop syrupeux dans les années chaudes & séches. Il est donc nécessaire de leur faire acquérir de la fluidité, afin que l'affinité puisse exercer ses loix par la fermentation. Pour y parvenir, le moût doit être mis à fermenter dans un athmosphère chaud & non dans une cave; il faut y ajouter un levain qui imprime le premier mouvement fermentatif. Les *Fleurs* ou *Mere du vin* produiront infailliblement cet effet, puisqu'elles contiennent en elles-mêmes & à un très-haut degré, la vertu fermentescible vineuse. Mais si le moût est absolument trop syrupeux, il convient de l'étendre par l'addition de l'eau commune. La circonstance qui exige un pareil expédient, est très-rare en Provence. Ce seroit alors le cas de vendanger à la rosée, ou au brouillard, ou même avec la pluye.

# CHAPITRE V.

## Du tems auquel on doit tirer le vin de la cuve, des moyens d'en connoitre le point préfixe, & expériences faites sur la chaleur du vin en fermentation, au moyen du Thermomètre.

*Huc, pater o Lenæe, ( tuis hic omnia plena*
*muneribus, tibi pampineo gravidus autumno*
*floret ager : ſpumat plenis vindemia labris. )*

Virg. Geor. Lib. II.

I. LA liqueur fermentante perd le nom de *moût*, & reçoit celui de *vin* dès l'inſtant que la fermentation eſt complette. Les principes du moût ſont déſunis, changés, combinés, ſurcompoſés, & il s'en forme de nouveaux. Ce n'eſt plus un fluide fade au goût, qui colle les levres l'une contre l'autre, mais une liqueur vineuſe, forte, ſpiritueuſe, affectant agréablement les houppes nerveuſes du palais, en un mot c'eſt du *vin*. Le grand art de le faire conſiſte en partie, à ſaiſir l'inſtant préfixe de cette heureuſe tranſmutation. S'il n'a pas aſſez fermenté, ſa réſine n'eſt pas aſſez diſſoute, ſa couleur eſt peu ſolide, ſes principes ne ſont pas aſſez altérés, déſunis ; c'eſt une liqueur dans laquelle le phlogiſtique n'eſt pas aſſez concentré, en un mot c'eſt un vin qui file dans la ſuite (8) & eſt ſujet à

(8) *Les vins de Bourgogne & du Beaujollois ſont ſujets*

pousser. Si au contraire il a trop fermenté, une partie de son phlogistique & de son air essentiel s'est évaporée, & tous deux cependant en étoient la base & le soutien, aussi ce vin aigrit, pourrit & moisit facilement. Consultons donc la nature pour trouver ce terme moyen & nécessaire, après avoir parcouru les routes suivies jusqu'à ce jour.

II. Il est de fait que quand le moût n'a pas encore subi tous les progrès nécessaires au complément de la fermentation tumultueuse, sa couleur est louche, fausse, trouble, peu vineuse. On distingue même en mettant ce moût dans un verre, comme des espèces de filamens qui y nagent. Ce sont des parties mucilagineuses que la fermentation n'a pas encore assez détruites, & qui

---

*à cette maladie. On la nomme encore* huiler, *parce qu'on diroit quand on verse ce vin, qu'il coule comme de l'huile. Une nouvelle fermentation qui recombine la lie, la dissipe souvent. Il suffit même quelque fois de sortir les tonneaux de la cave, & de les exposer à l'air libre pendant deux ou trois jours, ce qui augmente les mouvemens de la fermentation insensible. Si le vin est en bouteille, on le remet en ajoutant par dessus une ou deux gouttes de jus de citron ou de telle autre substance acide. Alors la partie huileuse s'attachant par son affinité à émousser les pointes des acides, & formant ensuite une substance moyenne, le vin reprend sa limpidité. Ce fait prouve clairement que le vin qui* file, *n'a pas assez fermenté, & que si sa robe ou couleur vineuse est changée en une couleur tirant plus ou moins sur le jaune, c'est à cause que sa portion résineuse s'est précipitée. Je conviens qu'une fermentation plus soutenue auroit fait perdre au vin de Bourgogne & du Beaujollois une partie de leur parfum & de leur délicatesse. C'est un mal compensé pour un bien, & qui ne peut être approuvé que pour des vins aussi fins & aussi précieux. Les vins de Provence, tels qu'on les fait aujourd'hui, n'éprouveront point de semblables reproches. Ils pèchent par les défauts contraires.*

annoncent que le moût n'est pas encore suffisamment changé en vin. Quelques personnes le font filtrer par du papier gris, & s'ils n'apperçoivent plus sur la surface une espèce d'écume circulairement rangée contre les parois du verre, elles jugent alors que le vin est fait. Cette épreuve est sujette à l'erreur. N'est-il pas vrai que plus la cuve sera grande & bien remplie, plus la masse de la vendange pressera avec force la liqueur qui s'écoule par le trou fait avec une vrille à la base de la cuve. Ce poids la contraint à sortir avec violence, ce qui la fait bouillonner & se rendre en écume dans le verre; ajoutez à cela, que la fermentation a dégagé une partie de l'air contenu dans les raisins, que cet air est combiné dans la liqueur fermentante, que sa partie mucilagineuse l'enveloppe pour ainsi dire, que les pores du papier gris ne sont pas assez serrés pour empêcher une partie du mucilage d'y passer, que cette partie de mucilage laisse échapper l'air par un reste de fermentation dans le verre, que cet air qui s'échappe retenu à la superficie & rassemblé en bulles, se dissipe difficilement, &c. Il faut être grand connoisseur pour se guider par cet indice.

III. D'autres personnes sans considérer cette écume, n'envisagent que la couleur de la liqueur, & cette façon de voir est abusive. La pellicule du raisin, dans les années chaudes & sèches, a beaucoup plus de résine colorante, ou du moins elle est plus colorée, & elle s'étend davantage, sur-tout si on a vendangé avec le soleil; ainsi le moût peut déjà être très-coloré sans qu'il soit changé complettement en vin.

IV. Des observations réitérées pendant une longue suite d'années, m'ont démontré que quand le moût n'est pas suffisammeut changé en vin, & que quand on en tire dans un verre, on apperçoit sur la surface, en la regardant horisontalement, on apperçoit, dis-je, dans l'épaisseur d'une à deux lignes, une liqueur moins mucilagineuse, moins colorée que celle de dessous. L'inférieure approche de la couleur du sang de bœuf plus ou moins foncée suivant les cantons, les espèces de raisins, la saison, &c. & la supérieure est couleur gris de lin, même assez claire. Ces différences ne sont plus sensibles quand le vin est fait. Tous les principes sont exactement mêlés par les ébranlemens rapides & les chocs multipliés que la fermentation a fait subir à la liqueur (9). Si l'on considére perpendiculairement le vin dans le verre, avant qu'il soit fait, la liqueur du fond paroit communiquer sa couleur à celle de la surface, ou plutôt on ne distingue qu'une seule & même couleur. Les verres les plus propres pour cette expérience, sont les verres à pied, & dont la forme est celle d'un cone, très-évasé par le haut, & très-étroit à sa base.

---

(9) *Un Vigneron avoit prêté une de ses cuves à un de ses voisins qui avoit vendangé le même jour que lui, le Vigneron voyant que l'heure de tirer sa cuvée approchoit, proposa à ce voisin de tirer tout de suite la sienne, ou d'attendre. Le voisin fit ce raisonnement « si je ne presse » qu'après l'autre, mon vin aura peu de feu, sera trop » fait, trop couvert; j'aurai peine à le vendre: si je le » tire au contraire avant lui, il n'aura pas assez cuvé, » j'en conviens, mais comme mon intention est de le » vendre au plus vite, j'en trouverai facilement l'occa» sion, parce que le Bourgeois qui n'y connoît rien, » regardera la douceur qu'il n'a pas eu le tems de per» dre, comme une bonne qualité dans le vin. Il en arri» vera tout ce qu'il voudra aux chaleurs, j'en serai débar» rassé & payé. » Il fut effectivement vendu 15 jours après, & tout ce qu'il avoit prévu, arriva. Le hasard me conduisit la semaine suivante chez ce particulier, & son premier mot fut que sa récolte étoit vendue, à l'exception d'une Barille qu'il gardoit pour les moissons. Je demandai à le goûter, & je vis avec surprise ( je n'avois jamais été à même de faire si exactement cette observation ) que malgré la continuité & la fin de la fermentation tumultueuse que ce vin avoit éprouvé dans le tonneau, j'apperçus cette couleur gris de lin dont je parle. Cette différence de couleur n'est donc pas un signe équivoque, & doit être regardée comme une régle sûre.*

V. Une autre preuve plus aisée à saisir & plus sensible aux yeux les moins attentifs & les moins faits pour observer, c'est l'affaissement de la vendange dans la cuve. Quelle est la cause de l'élevation & de cet affaissement ? C'est ce que nous allons examiner. La masse des raisins en fermentation éprouve différentes combinaisons. Ces combinaisons sont l'effet d'un mouvement intestin qui a imprimé un degré de chaleur plus ou moins véhément. L'eau agitée par son mouvement de fluidité, s'est débarrassée d'une partie du mucilage qui l'enveloppoit. Elle a divisé, trituré ce mucilage, en a dégagé l'huile à mesure qu'elle se formoit par la fermentation. Ces deux substances réunissant leurs efforts, ont entraîné avec elles les autres parties grossieres, elles les ont brisées & atténuées en tout sens, de sorte que tout est dans l'agitation, tout est confondu. L'air contenu dans les raisins, ou en dissolution dans le fluide, s'unit au *gas* avec lequel il a beaucoup d'affinité, ils abandonnent les cellules qui les renfermoient, en brisant leurs parois par leur dilatation. L'un & l'autre cherche à s'échapper, mais la résistance qu'oppose la masse de la vendange, oblige les Bulles d'air à se réunir, à se grossir par leur réunion : alors plus fortes, plus actives, plus élastiques, elles se distendent, occupent un espace plus considérable, font la fonction du levier, élevent peu à peu la vendange, & la soutiennent dans cet état jusqu'à ce que les efforts de la fermentation diminuent, & qu'une partie de cet air & du *gas* se soit dissipée. Comme la surface de la vendange ne présente pas autant de résistance que la masse entiere, les Bulles d'air la pénétrent aisément par leur souplesse & par leur forme sphérique, elles s'échappent en partie avec force & tumulte, & forment ce bouillonnement, ce sifflement qui annonce la vigueur de la fermentation. Celles qui trouvent leur issue entre les parois de la cuve & de la vendange, laissent en se dissipant le mucilage qui les retenoit, & ce mucilage forme l'écume qui reste contre les douves de la cuve.

VI. Si on attend une heure ou deux ( suivant la

nature de la liqueur fermentante ) on connoitra par la diminution du bruit & du sifflement, que la fermentation est moins tumultueuse : si on persiste à la laisser dans la cuve, il se formera de nouvelles combinaisons, de nouvelles dissolutions, la vendange sera encore soûlevée, mais non pas aussi haut que la premiere fois, l'élevation & l'abaissement seront successifs & iront toujours en diminuant, jusqu'à ce que la fermentation tumultueuse passe à la fermentation insensible. On distingue aisément les gradations de l'affaissement par l'écume qui reste collée contre les parois de la cuve. Remarquons ici, pour n'être pas obligés d'y revenir, que la fermentation qui se continue dans les tonneaux, n'est qu'une suite de la fermentation tumultueuse de la cuve, & les raisons pour expliquer comment la liqueur pousse la lie à la surface des tonneaux, sont les mêmes que celles qui expliquent l'élevation de la vendange dans la cuve.

VII. L'expérience a démontré qu'un vin qui n'aura pas été tiré aussi-tôt que le premier affaissement aura commencé d'être sensible, que ce vin, dis-je, aura beaucoup perdu d'air & de phlogistigue ; que plus on attendra, plus il sera coloré, plus il sera mat, plus la grappe & le pepin lui auront communiqué leur austérité, & moins cette liqueur sera agréable, vineuse, remplie d'esprit ardent, & moins elle sera de garde, & moins elle supportera le transport. Le vin dans les années chaudes & séches doit tant soit peu moins cuver, parce qu'il se colore de plus en plus dans le tonneau, à cause de la quantité de résine colorante du raisin. Il s'y décolore au contraire dans les années froides & pluvieuses, il doit donc fermenter un peu plus long-tems, pour mieux dissoudre la résine par l'action de l'esprit de vin sur elle. C'est au Propriétaire qui connoit la portée de son vin, à ménager avec prudence ce plus ou moins. Une heure ou deux en partant des extrêmes, suffisent pour les vins fins, & cinq ou six pour les vins communs, en faisant les mêmes attentions. On pourroit dans le second cas ajouter dans le tonneau des pellicules du raisin qui a été pressé, & l'efprit ardent trouveroit de quoi faire de nouvelles dissolutions. Il arriveroit sans cette précaution, comme si à une teinture d'une dragme *d'orcanette* on ajoutoit quatre onces d'esprit de vin sans addition d'autre *orcanette*. La premiere teinture perdroit de son intensité. C'est effectivement ce qui se passe dans le tonneau à proportion que se forme de plus en plus l'esprit ardent.

VIII. il est aisé quand il s'agit de quelques faits d'Agriculture, de faire de faux raisonnemens, de les étayer par des raisonnemens encore plus faux; on s'égare de plus en plus dans le labyrinthe, si l'expérience ne tend une main secourable & ne nous guide à la clarté de son flambeau. Qu'il me soit permis de faire part de ceux auxquels je me livrai en 1769. Nos erreurs sont souvent instructives, & c'est quelque fois le premier pas qui conduit à la vérité. « La fermentation, » me disois-je, ne peut être sans mouvement, sans » chocs multipliés & véhemens (au moins celle qu'é- » prouve le raisin dans la cuve). Ces chocs, ces » ébranlemens ne peuvent être sans chaleur, ainsi un » Thermomètre plongé dans la liqueur fermentante, » me fera connoitre le point préfixe de tirer le vin, » parce que tant que la fermentation augmentera, la » liqueur montera dans le Thermomètre, & il est certain que la vendange ne s'affaisse dans la cuve que » parce que la fermentation diminue; & ainsi la cha- » leur diminuant en proportion, j'aurai par le moyen » de mon Thermomètre, un guide certain qui fixera » le point que je désire. » Je me livrai tout entier à cette douce erreur pendant les mois d'Août & de Septembre. Le jour de lever la récolte étant indiqué, je plaçai mon premier Thermomètre (10) hors du cellier

---

(10) *Je pensois que la chaleur de la liqueur fermentante, correspondoit à celle de l'athmosphère, c'est-à-dire, qu'on devoit y observer les mêmes variations, soit pendant la nuit; soit pendant le jour. L'on verra dans ce Chapitre par l'inspection du Tableau de l'Article IX.*

dans un endroit à l'abri du soleil, & les deux autres chacun séparément dans une cuve. Je n'ai rien négligé pour donner à mes observations la plus scrupuleuse exactitude. Il est important que le lecteur connoisse, pour être en état de juger, quel genre de vigne a donné lieu à ces observations. Elle est en total composée de 45 *ouvrées* ou *hommes* de vigne. L'ouvrée contient 600 ceps éloignés de 3 pieds les uns des autres, & chaque cep a son échalla. La partie supérieure est une colline tendant de l'orient au midi, l'inférieure a la même direction, mais elle a une portion plus septentrionale. Cette vigne est divisée en deux, rélativement à la qualité du vin qu'elle produit. La partie supérieure que nous nommerons *Tivarde*, est plantée dans un rocher divisé par la mine & brisé avec la masse de fer, cette roche se convertit en terre par l'effet des pluyes, des gélées, du soleil, &c. Le vin qu'elle donne, vaut ordinairement 25 à 30 sols la bouteille. Elle fut vendangée le 16 Octobre 1769 depuis huit heures du matin jusqu'à midi, parce que le vent du sud trop impétueux égrainoit les raisins. La partie inférieure appellée *Chapuise*, est plantée sur le bas de la colline dans un sol moins pierreux & plus terreux. Son vin ne vaut que 10 à 12 sols la bouteille. La vendange fut cueillie le même jour depuis une heure jusqu'à six du soir. Le raisin de ces deux vignes a été égrappé à mesure qu'on l'apportoit, & mis à fermenter dans deux cuves séparées & renfermées dans le même cellier à côté l'une de l'autre. Le cellier est au milieu de la vigne. Cette remarque est essentielle, parce que la vendange voiturée fermente plus vite que celle qui ne l'est pas. J'ai fait les mêmes observations sur les vignes

---

*que j'étais dans l'erreur. Je ne prétends pas pour cela assurer que la chaleur de l'athmosphère n'influe point sur la fermentation, ce seroit aller contre l'expérience la plus avérée ; mais je dis que la fermentation ne suit qu'en gros la chaleur de l'air, & non ses legéres variations.*

du pays plat dont le vin a peu de valeur. Les résultats ont été les mêmes, & je ne les rapporte pas pour éviter une longueur ennuyeuse.

## I X.

### *Comparaison & progression de la chaleur occasionnée par la fermentation.*

| Elevation de la liqueur du Thermomètre placé dans la cuve de la *Tivarde* | Chaleur de l'Athmosphère. | Elevation de la liqueur du Thermomètre placé dans la cuve de la *Chapuise*. |
|---|---|---|
| *Du* 16 *Oct.* 1769. | *Du* 16 *Oct.* 1769. | *Du* 16 *Oct.* 1769. |
| | Vent du Sud impétueux, beau soleil. | |
| 8 degrés 2 lignes. . . | à 8 h. du matin. 6 deg.<br>à midi. . . . . 10<br>à 3 h. après midi. 11<br>à 6 h. . . . . . 9. 4 lig. | 10 degrés, |
| *Du* 17, | *Du* 17. | *Du* 17. |
| 8 degrés 4 lignes. . .<br>9. . . . . 3 . . . . . . . | à midi. . . 10 deg. 4 lign<br>à 5 h. soir 10 . . . . . . . | 10 degrés.<br>10 degrés. |
| La cuve ne donna aucune marque de fermentation. | Vent du Sud violent, Soleil & nuages. | La cuve fermenta sensiblement dès le matin. |
| *Du* 18. | *Du* 18. | *Du* 18. |
| 10 degrés. . . 7 . . .<br>10 degrés. . . . . . .<br>10 . . . . . . . 1 ligne. | à 8 h. du mat. 7 deg.<br>à midi. . . . 13. . . . . .<br>à 3 h soir. . 11. 5 lign. | 10 degrés 1 ligne.<br>10. . . . . . 1 . . . .<br>10. . . . . . 2 . . . . . |
| La cuve fermentoit sensiblement dès le matin. | Vent du midi tout le jour. Beau soleil. | |

*Du 19.*

10 degrés 2 lignes . .
10 . . . 3 . . . .

La fermentation n'étoit gueres plus tumultueuse que la veille.

*Du 20.*

10 degrés 3 lignes. . .
10 . . . . 3 . . . . . .
10 . . . . 3 . . . . . .
10 . . . . 4 . . . . . .

Fermentation legérement tumultueuse.

*Du 21.*

11 degrés 1 ligne. . .
11 . . . . 1 . . . .
11 . . . . 5 . . . .
12 . . . . 1 . . . .
12 . . . 2 . . . .
13 . . . . . . . .

Fermentation tumultueuse.

*Du 22.*

13 degrés 1 ligne. . .
13 . . . . 2 . . . .
13 . . . . 3 . . . .
13 . . . 4 . . . .
14 . . . . . . .
14 . . . . . . .

La délicatesse de ce vin exige qu'on le laisse un peu moins fermenter que celui de la *Chapuise*. On l'a tiré à 9 h. & demi, & la chaleur s'est également maintenue pendant qu'on tiroit le vin.

*Du 19.*

à 9 h. mat. 9 deg.
à 2 h. soir. 11. . . 5 lign.

Rosée blanche, grand vent à midi. Beau soleil tout le jour.

*Du 20.*

à 8 h. mat. . 6 deg. 3 lig.
à 3 h. soir. . 11. . . 3. . .
à 5 h. soir. . 10. . . 3. . .
à 7 h. soir. . 8. . . . . .

Très-forte rosée blanche, beau soleil & grand vent tout le jour.

*Du 21.*

à minuit 1 quart. . . .
à 1 h. matin. . . . .
à 2 h. . . . . . .
à 4 h. (*) . . . . .
à 5 h. . . . . . .
à 6 h. . . . . . .
à 7 h. 9 degrés 3 lignes.
à 9 h. 9. . . 4. . . .
à midi 12. . . . . .
à 3 h. soir. 12. 3. . . .
à 6 h. . . . . . .
à 10 h. demi. . . .

Vent du midi, tems couvert.

*Du 22.*

à 2 h. matin. . . . . .
à 5 h. . . . . . . .
à 7 h. . . . . . . .
à 8 h. . . . . . . .
à 9 h. . . . 8 degr. 3 lig.
à 9 h. demi 9. . . . .

Vent du midi, tems couvert & pluvieux.

*Du 19.*

12 degrés. . . . .
12 . . . . 2 lignes.

La fermentation commença à être tumultueuse.

*Du 20.*

13 degrés 5 lignes.
14. . . . 5. . . .
15. . . . . . .
15. . . . . . .

Fermentation tumultueuse.

*Du 21.*

15 degrés 4 lignes.
16. . . . 1. . . .
16. . . . 4. . . .
18. . . . . . .
18. . . . 2. . . .
18. . . . 3. . . .

On a mis la canelle à la cuve à 7 h. & demi, & la chaleur s'est maintenue à la hauteur de 18 degrés 3 lignes pendant qu'on a tiré le vin de la cuve, ce qui a duré près de trois quarts d'heure.

---

(*) *Je fis réflexion que l'intromission du Thermométre dans le même angle de la cuve pouvoit donner à la chaleur une trop libre issuë. Je plaçai à 4 heures du matin,*

X. Ce Tableau de comparaison offre plusieurs observations importantes. Je remarque 1°. Que la chaleur du jour de la récolte, est d'une grande conséquence pour la fermentation, puisque la vendange de la *Chapuise* a éprouvé une chaleur de 18 degrés & 3 lignes, & que celle de la *Tivarde* n'a été qu'à 14, malgré la supériorité de son vin. Je dois avertir ( quand il s'agit de connoitre la vérité par l'expérience, on ne doit omettre aucune particularité, ni circonstance ) que la *Tivarde* n'a donné que 7 Barilles de vin, & la *Chapuise* 10. La plus grande masse fermentante de cette derniere, n'a-t-elle pas dû contribuer à l'élévation de la liqueur dans le Thermomêtre ?

2°. Il paroît que quand la vendange fut placée dans la cuve, la chaleur étoit au terme moyen de celle de l'Athmosphère pendant la récolte ( voyez 16 Octobre ).

3°. Que les commencemens de la fermentation ont été très-lents pendant les premiers jours, & même en proportion de la chaleur de l'Athmosphère pendant la récolte, avant de parvenir au point que la fermentation tumultueuse fût sensible. Voyez 17 Octobre pour la *Chapuise*, & 19 pour la *Tivarde*.

4°. Que la fermentation n'a commencé à être sensible, que lorsque la chaleur a été au dixième degré ( voyez 17 & 18 ). Je l'ai observé nombre de fois cette année, & particuliérement sur la cuve du propriétaire dont j'ai parlé Ch. III. n°. III., qui vendangea le 8, & chez qui la fermentation tumultueuse ne fût sensible que le 19. Je demanderai, est-ce bien là précisément le premier point de la fermentation tumultueuse ?

---

*mon Thermomêtre au milieu de la cuve paur avoir le véritable degré de chaleur, & les trois dernieres fois dans trois endroits différens. Il paroit plus que probable que l'issuë que j'avois donné, contribuoit à la différente frappante de deux degrés ; puisque dans les 3 heures suivantes, & en plaçant en différens endroits mon Thermomêtre, je n'en ai trouvé que de bien légéres.*

L'expérience décidera un jour cette question importante.

5°. Qu'il faut être extrêmement attentif à suivre les mouvemens de la fermentation, parce qu'ils sont rapides quand elle approche de son complément. Voyez 21 & 22 Octobre. On voit ordinairement dans le pays d'où j'écris, la liqueur du Thermomètre à 15 ou 18 degrés d'élévation pendant le tems de la vendange, alors le vin ne reste pas plus de 2 ou 3 jours à perfectionner sa fermentation, si le raisin a été cueilli au soleil.

6°. Que quand la fermentation touche à son complément, la chaleur augmente peu, & se maintient presque dans le même état. ( Voyez 21 & 22 Octobre. )

7°. Que cette chaleur se conserve au même degré pendant qu'on tire le vin de la cuve, ce qui contredit ce que j'avois pensé. ( Voyez 21 & 22 Octob. )

8°. Que la vendange s'affaisse quand la fermentation est à son plus haut degré de chaleur. (11)

9°. Que l'affaissement de la vendange, comparé avec la plus grande élévation de la liqueur dans le Thermomètre ( sur-tout quand elle s'y est maintenue quelque tems ) forment ensemble une régle certaine pour tirer le vin de la cave (12).

---

(11) *La coutume des bons vignobles de Bourgogne, du Maconois, du Beaujollois, de Côte-rotie, &c. est, lorsqu'on croit la cuvée près de son plus haut période de fermentation, de la veiller comme le lait sur le feu, si je puis m'exprimer ainsi, afin de saisir le point préfixe. On ne craint pas de passer des nuits dans le cellier, & le Propriétaire attentif visite ses cuves, goûte son vin presque toutes les heures. Je me crois fondé à dire que les vins médiocres exigent pour le moins autant de soins. Ils ont par eux-mêmes assez de mauvaises qualités, sans les augmenter par une plus ou moins forte fermentation. Quand les Provençaux seront-ils assez attentifs à veiller sur leurs propres intérêts ?*

(12) *Je l'ai observé sur toutes les cuves dans lesquel-*

10°. Que celui qui veut faire du bon vin, du vin de garde, du vin de transport, n'est pas libre de dévancer ou de retarder ce moment, qu'on peut appeller avec raison, le *moment critique*, le *moment décisif*, à moins qu'on ne soit dans le cas dont j'ai parlé dans ce Chapitre n°. VII., parce que la couleur est essentielle pour la vente du vin. Qu'on se souvienne qu'il faut beaucoup de prudence, & connoitre parfaitement la nature du moût fermentant, sans quoi on nuiroit à la qualité du vin.

XI. Les Sciences depuis le commencement de ce siècle, ont été portées à un point de perfection qu'il est difficile de surpasser. L'art de faire le vin, est le seul qui soit, pour ainsi dire, resté dans son enfance. Jusques à quand laisserons-nous entre les mains des gens les moins instruits, & les moins susceptibles d'instruction, le soin de conserver une production des plus nécessaires, & qui forme une des principales branches du commerce de Provence. Ne sommes-nous pas comme un homme clairvoyant qui se laisseroit conduire par un aveugle. Quoi de plus risible que ces conversations dans lesquelles on se demande mutuellement, combien de tems laissez-vous le raisin fermenter dans la cuve? L'un répond 24 heures, l'autre 8 jours, l'autre 3 semaines, l'autre un mois. Toutes ces variations ont lieu en Provence, & sont fondées

---

*les j'ai placé mes Thermomètres; mais pour completter l'expérience, il eut convenu de laisser fermenter le vin autant de tems que la fermentation se seroit maintenue tumultueuse, afin de suivre totalement l'élévation & la diminution progressive de la chaleur. Comme je travaillois sur un vin trop précieux pour faire une expérience aussi couteuse, & que ceux du pays plat soumis à mes observations, ne m'appartenoient pas, j'invite les particuliers assez riches, qui ont beaucoup de vin & de petite qualité, à en sacrifier une partie pour connoitre ce point essentiel.*

sur la coutume du Canton. Mais cette coutume est-elle conforme à la raison & à l'expérience ? C'est ce qu'on n'examine point. L'on diroit que ces gens tiennent en leurs mains les principes de la fermentation, & qu'ils sont les maîtres d'en accélérer ou d'en retarder les effets à leur gré. On doit juger par ces abus, & conclure que la nature & les principes des vins de Provence sont excellens, puisque malgré ces mauvaises manipulations, quelques-uns se conservent. Que seroit-ce donc, s'ils étoient bien faits ? De tous les vins du Royaume, je n'en connois point qui ayent plus de phlogistique, & qui par conséquent soient plus propres à donner de l'eau-de-vie, que les vins de Provence ( ceux du Roussillon sont dans le même cas ). Cette vérité doit devenir bien intéressante pour ceux qui brulent les vins, & les convertissent en eau-de-vie.

XII. Je conviens, malgré ce que je viens de dire, qu'il est indispensable pour tirer le vin, quand les cuves sont placées dans des caves bien fermées, que la fermentation tumultueuse soit presque entiérement ralentie. Cette nécessité n'est pas l'effet du besoin physique d'une plus longue fermentation ; mais de l'impossibilité dans laquelle le propriétaire se trouve de pouvoir entrer dans ces caves, ou comme l'on dit en Provence, parce que *la Tine n'est pas abordable*, à cause du *gas* répandu dans l'athmosphère, qui feroit mortel pour celui qui y pénétreroit avant qu'il fut dissipé. Détruisez la cause, & l'effet cessera. Les cuves placées dans les caves, ne peuvent tout au plus produire qu'un seul avantage. Le *gas* ne trouvant pas une issuë assez libre, est forcé de se combiner, pour une légére partie seulement, avec la liqueur fermentante, ce qui y forme plus d'esprit ardent. Cette bonification peut-elle être mise en parallèle avec une meilleure manière de faire le vin, qui produiroit des avantages infiniment supérieurs, sans avoir aucun inconvénient ? J'en appelle au bon sens & à l'expérience.

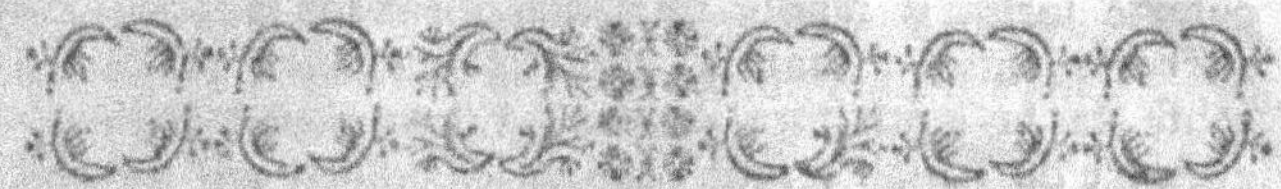

## CHAPITRE VI.

### De la manière de tirer le vin de la cuve, du choix des Tonneaux & de leur remplissage.

*Hùc, pater ô Lenæe veni; nudataque musto tinge novo mecum direptis crura cothurnis.* Virg.

I. LA manière de tirer le vin de la cuve, de remplir les tonneaux, est par-tout très-défectueuse. Aussitôt que le propriétaire juge que la fermentation est accomplie, que son vin est fait, il place la canelle à la cuve (on la nomme *Robinet*, *Anche*). Le vin coule dans des vaisseaux découverts, d'où on le vuide de nouveau dans d'autres vaisseaux découverts, pour le porter dans les tonneaux. Le vin, pendant cette opération, sort de la cuve avec violence, avec impétuosité, il écume, il bouillonne, il remplit le cellier de son odeur vineuse, son gas, ainsi que son air, se dissipe en partie, ce qui nuit autant à sa qualité, qu'à sa durée. Il est cependant très-facile d'obvier à cet inconvénient. Un cornet de fer blanc, ou des tuyaux en cuir, adaptés à la canelle, conduiront directement le vin dans le tonneau, & il ne s'évaporera pas la cinquantième partie de ses principes.

II. Cette manipulation exige que la cuve soit élevée. Une cuve ainsi disposée se conserve beaucoup plus long-tems, parce qu'elle est environnée par un libre courant d'air, & que le fond n'est pas sujet à pourrir, comme lorsqu'il repose immédiatement sur la terre. J'ai vu cette année, tout le moût d'une cuve perdu, à cause de la pourriture du fond. L'inattention & la négligence du Paisan, sont incompréhensibles, il ne voit strictement que ce qui est sous ses yeux. Un second avantage aussi essentiel que le premier, est que l'on reconnoit sans peine les gersures des douves, & les endroits qui joignent mal. Il est facile alors d'y remédier, & si la chose est impossible pour le moment présent, on peut aisément placer sous la cuve des vaisseaux capables de recevoir la liqueur qui s'échappe.

III. Je sens que l'on m'objectera qu'il est important que le vin qui sort de la cuve, soit mêlé en proportion exacte avec celui qui est extrait par le pressoir, afin que la qualité du vin de chaque tonneau soit la même. Il suffit de dire, pour répondre à cette observation, qu'on a une baguette avec laquelle on mesure la hauteur du vin dans chaque tonneau. On peut également, par un procédé plus commode & plus sûr, connoitre cette hauteur; il suffit de percer un des fonds avec une petite vrille dans l'endroit convenu, le vin s'écoulant par cette ouverture, indiquera le moment de fermer le robinet. Voici un moyen très-simple pour prévenir toutes les objections, & qui perfectionnera singulièrement le vin. Il faut que le cornet corresponde directement à un grand tonneau ou *foudre* (13) d'une grandeur suffisante pour contenir tout le vin

---

(13) *Les vins d'Allemagne sont extrêmement froids, & ils ne seroient pas potables, si on ne les rassembloit pas en grande masse, & s'ils n'y restoient pas pendant plusieurs années. Chacun a entendu parler des* foudres d'Heidelberg, *& de la vétusté des vins qu'on y conserve. L'on me dira que les vins de Provence sont d'une nature bien différente, & que ce qui est essentiel à l'un, peut être nuisible à l'autre. C'est ce qu'il faut examiner. Pour cela, je prie d'observer que la maturité du raisin, est presque toujours entière dans les bons cantons de Pro-*

d'une cuvée, & l'on y conduira également le vin extrait du pressoir. S'il faut voiturer ce vin pour le rendre à sa destination, on aura la scrupuleuse attention de ne lui laisser perdre que le moins d'air qu'il sera possible, & seulement pour que les tonneaux n'éclatent pas.

IV. Celui qui voudra faire du vin de qualité supérieure,

---

*vence; que ces vins sont en général trop doux, même visqueux. Aucun expédient n'est plus propre à corriger ce défaut, que la fermentation en grande masse. J'ose même dire que les vins plats & foibles gagneront également pour la qualité. Ici l'expérience vient à l'appui de mes principes, & je ne connois que cette manière de les prouver. Il y a environ 15 ans que j'avois peu réfléchi sur la nature du vin, & sur la manière de le faire fermenter, lorsque dans les années 1754 & 1756, les récoltes furent si abondantes dans nos cantons, les tonneaux si rares & si chers, que le Seigneur décimateur fut obligé de faire foncer des cuves. Je me trouvai dans une position semblable à la sienne, proportion gardée, son exemple & la nécessité furent mes guides. Je mis dans une cuve foncée le vin qui ne pût être entonné; je le goutois tous les 15 jours, pour connoître s'il ne prenoit point de mauvais goût, & s'il ne se gatoit pas. Que l'on juge de mon étonnement lorsqu'après l'hyver j'y découvris une qualité très-supérieure à celle du vin des tonneaux. Ce phénomène commença alors de faire naître mes doutes, & je voulus me convaincre l'année suivante, si je devois cette qualité supérieure à quelques causes ignorées, ou simplement à une plus grande masse réunie. Pour cet effet je fis mettre tout le vin d'une cuvée dans mon foudre, à l'exception de celui qui fut nécessaire pour remplir un tonneau qui devoit servir de pièce de comparaison. Ce tonneau fut rempli avec soin & en quantité proportionnée avec le vin qui sort de la cuve, & celui des différentes coupes du pressoir. Le succès le plus décidé me convainquit de l'importance de tenir le vin en plus grande masse.*

séparera le vin qui sort du pressoir jusqu'à la seconde coupe, & gardera le reste pour les domestiques. Le vin de la deuxième coupe est plus âpre, & celui de la troisième, &c. l'est infiniment plus. Je ne parle pas de ces petits pressoirs montés sur des roues, que l'on traîne dans les rues de beaucoup de Villes de Provence, du Languedoc, du bas Dauphiné, &c., mais de ces pressoirs larges & forts, capables de contenir tout le raisin d'une cuvée. L'usage de ces petits pressoirs est visiblement défectueux. 1°. Ils serrent mal, & quoiqu'on coupe & recoupe souvent, il n'en sort jamais tout le vin qu'on doit attendre. 2°. On est obligé à raison de leur petitesse, de presser en deux, & même trois fois les raisins d'une forte cuvée. Il arrive de là qu'une partie de la vendange restante dans la cuve, continue sa fermentation pendant qu'on presse l'autre partie. Cette fermentation est presque aussi vive que celle qui existoit avant qu'on eut placé le robinet, ou du moins elle est toujours assez forte pour nuire à la qualité du vin : en outre le *gas* & l'air du raisin fermentant, ont plus de facilité à s'évaporer par l'enlevement réitéré de la vendange. Il seroit même à souhaiter que l'on pressât dans la cuve, s'il étoit possible. Ce seroit trop exiger pour la perfection, & je ne l'obtiendrois jamais en Provence, puisqu'on y néglige les manipulations les plus faciles : mais revenons a nos foudres, & voyons comment il faut s'en servir.

V. Je conseille de construire ces grands tonneaux ou *foudres* dans des celliers assez fermés pour que la gelée n'endommage pas le vin (14) afin que la fermentation

---

(14) *La gelée ne donne pas au vin une consistence solide comme à l'eau, parce que l'esprit ardent ne peut géler. La partie aqueuse du vin se condense, & ses glaçons sont feuilletés. L'esprit reste dans l'interstice qui se trouve entr'eux. Si l'on perce le tonneau dans sa partie inférieure, on retirera toute l'essence du vin. C'est une liqueur capable de se garder des siécles, si on a de bonnes caves. Ce que je dis ne cadre gueres avec ce que rapporte*

insensible dans les vins syrupeux conserve un peu plus d'activité ; mais au contraire si les vins sont de mauvaise qualité, qu'ils soient sujets à pousser ou aigrir, il est très-prudent de les faire encaver dès que la fermentation tumultueuse aura cessé dans le tonneau, afin de les soustraire aux trop vives oscillations de l'air, & aux variations fréquentes & successives de l'athmosphère. L'hiver n'est point rigoureux en Provence, à peine y voit-on de la glace pendant quelques jours, ainsi la chaleur augmentant la fermentation de ces petits vins, nuiroit à leur conservation. Les cuves dont l'emplacement dans des caves, a été si peu favorable à la fermentation, deviendront des *foudres* utiles, si on les fait foncer, & le propriétaire sera bien dédommagé de la dépense par la qualité que le vin acquerra. L'on me dira peut-être, que les caves sont chaudes en hyver, & qu'ainsi les vins de petite qualité y souffriront plus que dans les celliers. Je réponds, que la chaleur des caves n'est ordinairement qu'à 10 degrés au dessus de O, que la chaleur du climat de Provence fait souvent élever la liqueur du Thermomètre de 12 à 18, enfin que

---

*Martin du Bellay quand il parle de l'entreprise de Charles V. sur Luxembourg en* 1543. « En ces tems les gelées » furent si fortes, qu'on départoit le vin de munition » à coups de coignée, & se portoit dans des paniers » *c'est-à-dire, que les soldats n'eurent que de l'eau, & les vivriers garderent pour se rechauffer, l'esprit ardent. Philippe de Comines parle d'un fait à peu près semblable, arrivé à Liége en* 1469. *On ne doit pas y ajouter plus de foi. M. Saw dit dans ses leçons de Chymie que le Thermomètre à l'esprit de vin, avoit gelé à Torneo en* 1737 *; mais il ajoute aussi-tôt après, qu'on ne pouvoit pas dire que l'esprit de vin fut rectifié. J'ai voulu vérifier ces deux faits dans nos grands froids de* 1767 *&* 1768, *pendant lesquels le Thermomètre descendit à* 16 *degrés & demi au dessous de O. Le vin géla, mais non en consistence solide, & l'alkool n'éprouva aucune altération.*

ces petits vins sont moins soumis à l'action de l'air. Voyez ce que je dis en parlant des caves, Ch. VIII.

VI. On n'a pas chaque année la même quantité de vin, il faut donc, si on convertit cette cuve en *foudre*, qu'elle soit fermée par un couvercle, & qu'il puisse être haussé & baissé suivant la hauteur du vin. On fixera pour cet effet, soit que la cuve soit ronde, ou quarrée, des montans perpendiculaires & d'une manière invariable, contre les parois de la cuve. Le couvercle sera échancré suivant la direction des montans, & on le laissera glisser & enfoncer jusques sur la surface du vin, auprès de laquelle on aura placé des liteaux ou traversiers fixés par des clous à vis pour le supporter. Comme ce couvercle forme une masse assez pesante & incommode à manier, on clouera d'avance une forte poulie au plancher, par où passeront des cordes correspondantes aux quatre coins & au milieu; alors on le soulevera & on le baissera sans peine. J'ai cherché tous les moyens de simplifier cette opération, celui que je présente, m'a paru le plus aisé, & c'est aussi celui dont je me sers; je voudrois qu'on m'en indiquât un plus simple.

VII. Le couvercle fixé & descendu jusqu'à la surface de la liqueur, sera garni dans tous les joints avec de la terre glaise bien pétrie, & le tout recouvert au moins avec 4 pouces de sable. Aucun principe du vin ne s'échappera, avec de telles précautions. Si le vin a été mis dans une cuve foncée aussi-tôt qu'il a été pressé, il est nécessaire de laisser dans le milieu du couvercle, une ouverture d'un pied en quarré, garnie d'une soupape, ou porte à coulisse, & ouverte tant que la fermentation sera tumultueuse, & que l'on craindra la fracture du Vaisseau qui renferme la liqueur. Ceux qui voudront faire du vin forcé, tiendront la soupape fermée, & laisseront entre le couvercle & la surface de la liqueur, un pied de distance plus ou moins, suivant le volume & la nature du vin fermentant. Le vin forcé est extrêmement fumeux, & je dirois même dangereux pour la santé. Ce vin ne donneroit-il pas une plus grande quantité d'eau-de-vie? J'en suis persuadé;

mais je ne l'ai pas éprouvé. Cet objet est de grande conséquence pour la Provence, & il mérite qu'on repéte plusieurs essais en ce genre. Ce qu'il y a de certain, c'est que cette espèce de vin présente un phénoméne bien singulier. On trouve dans les tonneaux beaucoup moins de lie que dans ceux des vins faits à la manière accoutumée, parce que quantité de parties étrangéres au vin, restent combinées avec lui, & cependant il est très-clair. Ne pourroit-on pas dire de ces vins, comme des eaux minérales aérées & martiales, que c'est l'air surabondant qu'ils n'ont pu perdre, puisque le tonneau étoit bouché, qui tient ces parties étrangères en dissolution? Agitez ce vin, agitez ces eaux, laissez-les peu de tems débouchés & à l'air libre, tous deux deviennent troubles & déposent beaucoup de sédiment.

VIII. La fermentation insensible se complette beaucoup mieux, & les plus petits vins gagnent pour la qualité en fermentant dans des *foudres*. L'expérience va le démontrer. Prenez du vin quelconque au moment qu'il sort de la cuve & du pressoir, remplissez une barille d'une *asnée*, remplissez du même vin, des tonneaux de 2, 3, 4, 5, 6, remplissez enfin un *foudre*; que ces différens vaisseaux soient placés dans les mêmes circonstances, goutez ces vins chacun séparément dans quel tems de l'année que ce soit, & vous trouverez une progression de bonté respective & graduée suivant la grandeur du vaisseau. Cet objet mérite certainement toute l'attention du possesseur de grands vignobles, & prouve clairement les avantages des cuves foncées ou *foudres*.

IX. Ceux qui ne se serviront pas de ces grands vaisseaux, & qui préféreront les tonneaux ordinaires, doivent faire les observations suivantes. *Affranchir* le tonneau, s'il est neuf, & s'assurer de sa bonté; examiner le tonneau qui a déjà contenu du vin, & voir s'il n'a point contracté de mauvais goût. Donnons plus d'étendue à ces deux principes. Je ne rapporterai pas toutes les méthodes employées dans les différens cantons pour affranchir un tonneau, je les crois inutiles; j'indique seulement celle dont je me sers depuis 15 ans, parce qu'elle n'a jamais été défectueuse. Les tonneaux sont ordinairement construits en bois de chêne ou de chataignier. Les uns & les autres ont une astriction désagréable, mêlée d'une amertume austère & rebutante. Il est de la dernière importance de faire disparoitre ce mauvais goût que le vin s'adapte très-facilement. Pour cet effet, commencez par rincer le tonneau avec de l'eau froide, & vuidez la tout de suite; mettez aussi-tôt après dans le tonneau une pinte d'eau salée & bouillante (demi livre de sel est la dose ordinaire pour une barille de deux ou trois *asnées*). Bouchez exactement le tonneau, agitez-le en tout sens, l'eau bouillante fera connoitre les plus petites gersures, la moindre piqure. Dressez-le sur un des fonds, laissez-le dans cette position pendant 15 ou 20 minutes, retournez-le sur l'autre fond après l'avoir agité de nouveau en tout sens, laissez-le encore autant de tems, vuidez ensuite, & faites écouler l'eau sévérement. Si cette eau refroidissoit dans le tonneau, elle donneroit mauvais goût (il faut plus de deux heures pour que cela arrive : de l'eau non salée produiroit le même effet). Dès que l'eau salée est entiérement écoulée, ayez environ demi pinte ou plus du même moût qui fermente, qui aura bouilli, qui aura été bien écumé, & qui soit encore bouillant, jettez-le dans le tonneau, bouchez, agitez & retournez ainsi que pour l'eau salée. On peut laisser ce vin jusqu'au moment qu'on remplira le tonneau, mais vuidez-le alors. Si le tonneau a déjà servi opérez de même, supprimez le sel seulement. Ce vin bouilli ne sera pas perdu, on peut le jetter sur la cuvée du petit vin, ou le conserver pour les quêteurs, espèce de guêpe très-commune en cette saison.

X. Avant d'employer les tonneaux qui ont déjà contenu du vin, on doit les faire défoncer, les faire ratisser pour en enlever exactement toute la lie & le tartre. Je sais que ce principe éprouvera beaucoup de contradiction, puisque c'est une coutume généralement reçûe en Provence, de préférer les tonneaux vieux aux tonneaux neufs. Elle peut d'un côté avoir son avantage, parce que le vin qu'ils ont contenu, a enlevé l'astriction du bois; mais quelle est la raison qui engage les Provençaux à choisir par prédilection ceux dont les parois sont incrustés d'une plus grande quantité de tartre, & qu'on a grand soin d'y laisser? Je conviens que la multiplicité des cristaux, annonce que le vin qui les a produits, étoit très-spiritueux, parce que ce sel essentiel du vin ne peut se dissoudre que très-difficilement dans l'eau (il faut au moins 30 parties d'eau pour en dissoudre une de tartre), & que ce n'est qu'autant que l'esprit ardent se forme dans le vin, que ce sel se précipite & forme des cristaux. Ce tartre ne peut être conservé sans qu'on ne conserve en même tems beaucoup de lie desséchée contre les douves, surtout si le tonneau n'a pas été défoncé & ratissé. Or cette lie humectée par le vin nouveau, se détache, se divise, se recombine avec lui, excite une plus vive & plus longue fermentation, & par là accélére les causes de son dépérissement, à moins que le vin ne soit visqueux & sirupeux. Il est de fait, que cette lie ne peut se combiner avec le vin sans y porter le tartre auquel elle étoit unie; il faut donc que l'esprit ardent qui se forme dans le vin, dissolve & le tartre qu'il contient, & celui qu'on lui donne en surabondance avec la lie. Il ne peut pas certainement suffire à d'issoudre tous les deux. Il reste donc beaucoup plus de tartre dans le vin, & tout le monde convient que plus un vin est purgé de son tartre, plus il est salutaire pour la santé. D'ailleurs le tartre est un levain très-sûr pour faire promptement passer le vin à la fermentation acéteuse, à cause de ses principes éminemment acides. Ces raisons me paroissent convainquantes, & assez fortes pour détruire une coûtume d'où il ne résulte que du mal.

XI. Ce n'est pas assez de faire défoncer & ratisser les tonneaux, il faut encore examiner s'ils n'ont point de mauvais goût, & pour peu qu'ils en soient affectés, les briser sur le champ, crainte que le Vigneron négligent ne les fasse servir plutôt que d'autres, s'ils se présentent les premiers sous sa main. Ne vous en rapportez qu'à vous-même dans cet examen, & souvenez-vous du précepte de La *Fontaine*, *il n'est pour voir, que l'œil du maître.* Si vous vous fiez à vos gens, vous serez sûrement trompé. J'en ai fait la couteuse expérience, & mon aveu vaut une instruction. On se sert de plusieurs expédiens pour oter le mauvais goût aux tonneaux, du punais, de la moisissure, par exemple ; j'ose assurer qu'ils sont tous inutiles, ils masquent le mauvais goût pour un tems, & il reparoit ensuite. L'expérience m'a appris qu'on n'en pouvoit tirer d'autre parti que de les bruler. On court après l'économie, on perd son vin, quel profit !

XII. Il n'est peut-être aucune Province en France, où les abus dans la manière de faire le vin, soient plus multipliés qu'en Provence. Un proverbe déplacé y sert de loi pour boucher les vins nouveaux. *A la San Martin tape ton vin.* Les hommes seront-ils donc toujours les jouets de la coûtume & du préjugé ? Il y a des quartiers aux environs d'Aix où l'on vendange un mois plutôt que dans les autres. La récolte est levée dans le territoire de Marseille depuis le 15 7bre. jusques au 10 8bre au plutard ; c'est à peu près vers le 10 9bre. que l'on vendange à Riés, &c., & cependant on bouche les tonneaux en même tems, c'est-à-dire, à la St. Martin qui est le 11 de 9bre. Or en supposant que le vin a été mis dans le tonneau le 20 7bre., il s'est écoulé 51 jours jusqu'à cette époque. La fermentation tumultueuse s'est maintenue tout au plus 12 à 15 jours dans le tonneau, & pendant tout le reste du tems le vin a eu la liberté de laisser évaporer son air & son phlogistique. Quel abus ! je sçais que les tonneaux ont été bouchés avec des tuiles, des cartes, des feuilles de vigne ou de figuier couchées horisontalement sur le bondon, mais ces espéces de bouchons laissent toujours à l'air une issue trop libre & trop facile. Il faut & l'on doit, dès qu'on s'apperçoit que la fermentation tumultueuse se ralentit, adapter le bouchon, & chaque jour l'enfoncer de plus en plus jusqu'à ce qu'il ferme enfin exactement. C'est au propriétaire à suivre l'opération, & la diminution de la fermentation l'indique & non pas la fête de St. Martin.

XIII. Nous avons employé jusqu'à ce moment tous les moyens que la nature & l'art nous présentent pour rendre la fermentation plus tumultueuse. Le vin est actuellement dans les tonneaux ou dans les foudres, la fermentation insensible, véritable fermentation vineuse, a succédé à la fermentation tumultueuse, tachons de la maintenir le plus long tems possible. Voyons quelles sont les ressources que l'expérience présente, parce qu'il est bien démontré que cette fermentation insensible se perpétue dans les tonneaux, jusqu'à ce qu'elle passe à la fermentation acide & à la putride.

# CHAPITRE VII.

## De la conduite du Vin depuis que le Tonneau est bouché, jusqu'en Mars.

I. IL auroit peut-être convenu de placer ici ce qui concerne le choix des caves dont je parlerai dans le Chapitre suivant, mais il m'a paru que les bons vins ne devant être encavés qu'après l'hyver, il falloit auparavant indiquer les manipulations qu'ils exigent. Il est à supposer que les tonneaux ont été exactement remplis chaque jour & même plutôt deux fois qu'une, tant qu'a duré la fermentation tumultueuse; qu'ils l'ont été ensuite au moins tous les 8 jours, jusqu'à la fête de St. Martin, tems auquel on les bouche en Provence. La négligence, ou un oubli volontaire sur ce fait, seroient impardonnables. Il arrive souvent, & surtout chez le Païsan, qu'il conserve ou achete du vin bien inférieur pour remplir ses tonneaux, ce qui nuit essentiellement à la qualité du premier. De quelque nature que soit le vin dont on se sert, il est d'une nécessité indispensable de remplir les tonneaux tous les 15 jours depuis la fête de St. Martin jusqu'en Janvier, & tous les mois pendant le reste de l'année, j'en dirai les raisons dans le Chapipitre suivant.

II. Plusieurs personnes saisissent les premiers jours de la fermentation tumultueuse du vin dans le tonneau pour le droguer, le sophistiquer. Je garderai sur ce sajet, le plus profond silence, crainte d'instruire les gens de mauvaise foi, & d'augmenter le nombre déjà trop considérable des *frélateurs* de vin. J'ai étudié tous leurs procédés, je n'ai épargné ni argent ni peine pour les découvrir, & j'ose dire après ce travail, qu'ils employent des moyens si dangéreux, qu'il faudroit punir rigoureusement ces odieux fabricateurs, ces pestes publiques. Je me contente de rapporter un moyen pour donner au vin un fumet agréable & qui ne peut nuire à la santé. M. Frédéric Hasselquitz, éleve & ami du célébre Chevalier Von Linnée, la gloire du Nord & de la Botanique, dit dans l'histoire de son voyage au Levant, T. 1, p. 129 : » Cueillez les fleurs de la vigne lorsqu'elles son épanouies, faites-les sécher à l'ombre, pulvérisez-les & » gardez-les pour l'usage auquel vous les destinez. Prenez » telle quantité qu'il vous plaîra de cette poudre, enfermez-la dans un nouet & pendez-le dans le tonneau » lorsque le vin nouveau fermente. Rien n'est ni plus naturel, ni plus propre que cette poudre, pour donner » au vin un fumet agréable. La quintéssence des vertus » d'une plante, réside dans sa fleur. Je ne sçais si on a » essayé ailleurs cette méthode (il étoit alors en Egypte), » mais je ne doute point qu'elle n'eut le même succès, » la nature étant la même partout & ne variant jamais. « J'ai laissé passer les premiers jours de la fermentation tumultueuse dans le tonneau, afin que la partie la plus volatile & la plus odorante de ces fleurs s'évaporât moins, & je m'en suis bien trouvé.

III. On connoît peu en Provence la coûtume de garder le vin : ou il passe la mer, ou on le boit sur les lieux, ou on le convertit en eau de vie, l'on peut regarder comme un phénoméne dans le pays, du vin de 8 à 10 feuilles. Cependant je crois devoir affirmer, que ces vins, bien faits, le disputeroient pour la durée à tous les vins du Royaume. La facilité qu'on a de se procurer des vins d'Espagne, de Gréce, d'Italie &c. n'est-elle pas une cause qui empêche qu'on soit soigneux d'améliorer & de conserver les vins du pays? Leur mauvaise fabrication a nécessité cette préférence. On ne donne des soins en général qu'aux vins de Riés, de la Malgue, des Mées, & même pas ceux qu'ils méritent. Prescrivons donc ce qui est le plus conforme à l'expérience. Veut-on avoir un vin potable dans l'année, qu'on le soûtire au commencement de Janvier, de Février & de Mars. Cette opération demande quelques détails.

IV. Il paroît qu'on a pris à tache d'introduire dans chaque opération propre à perfectionner le vin, les abus les plus grossiers. J'ai vu des particuliers, & le nombre en est très-grand, qui pour expédier, font un trou dans le bas du tonneau, ou en enlevent le bouchon, laissent couler le vin dans des vaisseaux découverts, & le mettent ensuite dans d'autres tonneaux qui restent débouchés jusqu'à ce qu'ils soient pleins. Il n'est pas possible d'imaginer une plus mauvaise méthode. Ou travaillez le vin ainsi qu'il l'exige, ou laissez-le livré à lui-même, il gagnera au change. Celui qui voudra soûtirer son vin, se servira d'une pompe avec ou sans soufflet (elles sont trop connues pour les décrire), il en plongera doucement & perpendiculairement une branche dans le tonneau, cette branche sera excédée à sa base par un morceau de bois de deux pouces de hauteur, & ce bois entrera dans la lie. La base ou l'orifice de cette branche sera par ce moyen, au dessus de la lie qui restera toute entière dans le tonneau quand le vin en aura été tiré. Cette branche sera fixée dans la partie supérieure qui entre dans le bondon, de manière qu'elle ne vacille point, ce qui troubleroit le vin, & l'espace de cette ouverture que ne remplira pas la pompe, sera sévérement bouchée avec du vieux linge, de la filasse, &c. La pompe une fois fixée, l'ouverture bouchée, on approchera le tonneau qui doit être rempli, on y introduira la canelle de la pompe, & on bouchera également le vuide qu'elle ne remplit pas ; on pompera & soûtirera tout le vin sans discontinuer l'opération. Je réponds, que si on travaille ainsi, le vin ne sera point troublé, & laissera très-peu échapper de principes volatils, objet essentiel. Celui qui sera jaloux de n'avoir que du vin parfait, doit mettre de côté les cinq ou six premières & dernières pintes de vin qui sortiront. Le vin qui approche le plus de la lie, est sujet à aigrir parce qu'il contient beaucoup de tartre & de lie qui ne sont pas précipités, & le vin de la surface est foible & d'une qualité bien inférieure à celui du centre, ce qui est aisé à vérifier.

V. Ceux qui désireront que le vin soit de *garde*, ou qui le destinent à lui faire *passer la mer*, le *souffreront*, ou *muteront*, ſavoir, en Janvier, & lorſqu'ils le ſoûtireront en Mars. Je dis qu'il faut *muter* ou *ſouffrer* ces vins en Janvier & en Mars ( *ſouffrer*, *muter* exprime la même choſe ), arrêtons-nous un moment ſur ces deux objets. Cette opération eſt indiſpenſable pour les vins trop aqueux & de petite qualité, principalement pour ceux qui aigriſſent & pouſſent promptement. elle convient en général à toute ſorte de vin, excepté à ceux qui ſont viſqueux, ſirupeux, qui par conſéquent ont beſoin d'une fermentation plus active. La vapeur du ſouffre enflammé ôte l'élaſticité à l'air ſurabondant, ce qui ſuſpend la fermentation, & ce qui revient à peu près au même que ſi on mettoit une liqueur fermentante dans le vuide. Cet air par ſa facilité à être condenſé, raréfié ſelon les degrés de la chaleur de l'athmoſphére, y contribue ſingulièrement ( voyez ch. VIII. N°. III. ). Pluſieurs perſonnes ont penſé que cette vapeur agiſſoit comme acide ; mais ſi l'on réfléchit ſur ce phénoméne, il ſera bien prouvé que les acides n'arrêtent point la fermentation, & qu'ils la conduiſent bien plus promptement à l'acéteuſe. La vapeur du ſouffre n'agit que ſur l'air ſurabondant à la mixtion du vin dont elle détruit l'élaſticité, faiſant dans cet air une diſſolution plus étendue du phlogiſtique que cette vapeur contient très-abondamment. J'ai en ſuivant ce principe, & pour connoître juſqu'à quel point un vin peut être muté, conſervé preſque toute ſa douceur pendant une année entière, en repétant tous les 15 jours cette opération, & en tenant le tonneau exactement plein. On plaçoit pour cet effet, la méche allumée ſur le bondon du tonneau, & on ſouffloit avec un chalumeau ſur la vapeur, afin qu'elle entrât plus aiſément. Le tonneau étoit auſſi-tôt après exactement bouché, & rempli le lendemain ſeulement par le moyen d'un petit antonnoir adapté à un trou près du bondon. Il eſt néceſſaire de remarquer que le tonneau fut placé auſſitôt qu'il fut rempli dans un ſoûterrain très-profond, & dans lequel on ſentoit à peine les variations de l'air. Nous liſons dans le Dict. Encycl. au mot vin, *que pour arrêter la fermentation des liqueurs, il ſuffit d'environner les vaiſſeaux qui les contien-*

*nent, de vapeurs sulphureuses, qui pénètrent dans ces vaisseaux par les pores du bois.* Sans admettre, ni rejetter cette pénétration, n'est-il pas plus simple de penser que cette vapeur détruit en partie l'élasticité de l'air de la cave, & qu'ainsi les variations de l'air extérieur, ont moins d'action sur elle. Si ces vapeurs produisent des effets sensibles dans les caves, quels effets ne produiront-elles pas lorsqu'elles agiront directement sur l'air contenu dans le tonneau ! L'on me dira peut-être, que cette opération décolore les vins rouges, qu'elle leur communique un goût, une odeur de souffre, &c. Je réponds 1°. que la raison qui engage à muter les vins blancs, est la même pour les vins rouges: 2°. Qu'il est vrai que la vapeur du souffre détruit certaines couleurs végétales, mais c'est seulement lorsqu'elle agit immédiatement sur elles. Il y a même des Auteurs, *Hoffman*, p. ex. qui prétendent que cette opération colore les vins rouges 3°. Que cette vapeur ne leur communique aucun mauvais goût, à moins qu'on ne laisse tomber dans le vin quelques gouttes de souffre enflammé, ou une partie de la toile qui lui servoit de support ; dans ce dernier cas le vin contracteroit outre le goût du souffre, celui d'empireume. 4°. Je mute depuis plus de 10 ans, des vins rouges & blancs, & je n'ai jamais reconnu le goût de souffre ; on peut repéter l'expérience, si on en doute.

VI. Il est impossible en mutant le vin de la manière que j'ai indiqué, de ne pas être incommodé par la vapeur suffoquente du souffre, & il est à craindre qu'il n'en tombe quelques gouttes dans le vin. J'ai fait construire, pour éviter ces inconvéniens, une espèce de petite cheminée en tole, dont la base est large de 3 pouces & haute de 4, & son couvercle est en forme de dome, surmonté d'un cornet décrivant un peu plus d'un demi-cercle, c'est-à-dire, retombant plus bas que la base de la cheminée. Le devant de la cheminée se ferme par une porte à coulisse. On place l'extrêmité recourbée du cornet dans le tonneau, on allume la toile souffrée ( le souffre brule mieux ainsi étendu qu'en bâton, ou réduit en poudre ) on ouvre plus ou moins la porte suivant l'activité de la flamme : lorsque le tonneau est rempli de cette fumée, elle regorge par la porte & éteint la flamme, parce que l'air n'a plus d'élasticité. Alors, si on est dans l'intention d'en faire entrer davantage, on rallume la mèche & on se sert d'un soufflet. On sent bien qu'il faut garnir avec du linge l'ouverture du bondon que ne remplit pas entièrement le cornet. Je me trouve très-bien de cette invention, & je ne suis plus fatigué par la vapeur du souffre.

VII. Quelques Personnes cherchent de grands préparatifs pour la composition des mèches souffrées. Le poivre blanc, le géroffle, la canele, le gingembre, l'anis vert, l'iris de Florence, les fleurs de Thym, de lavande, de marjollaine, sont pilées & tamisées intervalle avec le souffre, ensuite placées dans une terrine sur un feu modéré, on y trempe quand le souffre est fondu, des bandes de toile de différente grandeur & largeur suivant l'idée de celui qui les fabrique. Je pense & je dis que le seul souffre suffit. Hazarderai-je trop en affirmant que ces drogues sont non seulement inutiles, mais qu'étant brulées, elles doivent donner au vin une odeur d'empireume & de fumée, ce qui feroit aisé à démontrer.

VIII. Le vin ainsi muté doit être, ai-je dit, soûtiré en Mars. Nous avons vû dans ce Chapitre, N°. IV, qu'il y avoit abus dans la manière de soûtirer le vin. Il en existe un second pour le tems. Quel but se propose-t'on en soûtirant le vin? Si non de le dépouiller de la lie qui exciteroit au printems, une nouvelle & trop forte fermentation; de le priver de son tartre qui est un sel acide & qui le conduiroit à la fermentation acéteuse; enfin c'est pour l'avoir plus net, plus clair & plus épuré, d'une robe plus agréable. Je ne pense pas qu'il y ait d'autres motifs. La nécessité de soûtirer le vin, n'est point un problême pour l'homme qui pense, aussi ne m'arrêterai-je pas à combattre l'opinion de ces dogmatiseurs qui affirment d'un ton sententieux, *qu'il ne faut jamais soutirer le vin de dessus sa lie, de dessus sa mere, parce qu'elle le nourrit & le conserve*. La lie n'est que l'excrément du vin, si je puis m'exprimer ainsi. Quelle nourriture cette mere donne à son enfant! je ne rapporterai pas toutes les reveries & les superstitions adoptées par nos Anciens, revues & augmentées par nos modernes; le tableau des égaremens de l'esprit, feroit trop long. J'obferverai feulement que la méthode de nos Vignerons, ainfi que de beaucoup de particuliers, eft de foutirer le vin le jour de la pleine Lune de Mars, & d'autres attendent fcrupuleufement le Vendredi Saint, quand même le vent du midi regneroit dans la plus grande impétuofité. Quel eft l'homme qui ignore que ces époques font fingulièrement dévancées ou retardées, que le Vendredi Saint fe trouve quelque fois au milieu d'Avril, que les chaleurs du printems fe font déjà vivement fentir, fur tout en Provence, que la vigne même à commencé à pouffer. Il eft impoffible alors que le vin foit clair, parce que la chaleur a imprimé une nouvelle fermentation, & que la lie a été recombinée dans le vin. Il vaudroit donc mieux ne pas le foutirer. Les Provençaux pour ne mériter aucun reproche, ne le foûtirent point du tout, ou du moins on pourroit compter le petit nombre de ceux qui le font.

IX. On penfe communément qu'il y a une analogie entre le vin renfermé dans le tonneau & dans la cave, & la vigne lorfqu'elle pouffe ou qu'elle fleurit, ou quand le raifin change de couleur. Comme cette erreur ne tend à aucune conféquence, je ne la combattrai point. Je prie feulement les particuliers qui penfent ainfi, de faire attention au renouvellement de chaleur du printems & à celui du mois d'Août, & ils en trouveront la véritable caufe.

X. Après l'examen de ces détails intéreffans, paffons aux généralités, parce qu'il n'eft point de régle fans exception. Si l'année a été féche & très-chaude, le vin des bons cantons de Provence, fera vifqueux, firupeux, c'eft pourquoi je confeille de le laiffer dans le cellier pendant tout l'hyver, pourvu qu'il n'y gele pas. Si la cuve eft foncée, qu'elle ferve de tonneau ou de *foudre*, le vin gagnera beaucoup en qualité Ch. VI. n°. VIII. La fermentation y fera plus forte, les principes plus défunis, & le vin plutôt rendu à fa liquidité convenable. Si le vin eft encore trop doux après l'hyver, malgré cette précaution, il convient de le laiffer plus long tems dans le cellier fans le foûtirer. Si le vin a de la qualité, & qu'il ne foit pas vifqueux, on le foûtirera dans le tems & de la manière indiquée dans ce Chapitre n°. IV. Si au contraire l'année a été froide & pluvieuse, si le raisin au tems de la vendange a été trop rempli de l'eau de la végétation, qu'il n'ait pas acquis une maturité convenable, qu'il soit de petite qualité, qu'on craigne pour sa durée, il faut 1°. l'encaver dès que la fermentation tumultueuse aura cessé dans le tonneau, 2°. que la cave dans laquelle on l'enfermera, ait les conditions dont je parlerai dans le Chapitre suivant, 3° remplir exactement le tonneau tous les mois, 4°. muter le vin tous les deux mois & principalement à l'approche des chaleurs, 5°. le soutirer avant qu'il ait senti les chaleurs du printems. On sent bien qu'il n'est pas possible d'assigner au juste les précautions pour chaque nuance de qualité de vin, c'est au propriétaire qui réfléchira sur ces généralités, à prendre le milieu qu'il jugera le plus convenable à la nature de son vin.

XI. Terminons ce Chapitre en répondant à une objection qui pourroit être faite, & qui au premier coup d'œil paroîtroit spécieuse. La chaleur des caves pendant l'hyver est ordinairement de 10 à 11 degrés; celle des celliers est bien inférieure, puisque souvent il y gele: ainsi les vins se perfectionneront mieux dans les caves que dans les celliers, & la chaleur augmentera leur fermentation. Je réponds à cela 1°. c'est pour la Provence que j'écris, pays où le froid se fait très-peu sentir, & où les gelées ne durent pas. 2°. Je conseille de laisser dans le cellier le vin visqueux ou sirupeux, & même le vin de qualité, parce que depuis qu'il est fait, c'est-à-dire, depuis la fin de 7bre. ou le commencement d'Octobre, jusqu'à la fin de Février ou de Mars suivant, il s'écoule près de six mois pendant lesquels l'atmosphére éprouve de grandes variations, & même quelquefois une chaleur assez vive; ces variations & cette chaleur agissent sur la liqueur à peu-près comme dans le Thermomêtre. 3°. Les vins de petite qualité & encavés n'éprouveront pas ces variations, ou du moins très-foiblement, & ainsi leur fermentation sera plus tranquille, & se soûtiendra presque au même degré. 4°. Ce que je viens de dire peut à présent s'appliquer également à tous les vins de France, ce qui me paroît prouvé, pour peu qu'on réfléchisse sur les principes établis dans le Chapitre suivant.

## Chapitre VIII.

### De l'action de l'air sur le Vin, des qualités qui constituent une bonne cave, & des moyens d'y perfectionner le Vin, même avec économie.

*In cellis quæ non satis profundæ sunt, diurni caloris participes fiunt, vina non diu subsistunt integra.* Hoffman.

I. L'Air (15) a trois propriétés qui réunies ne peuvent caractériser que lui seul, savoir la fluidité, la pesanteur, & l'élasticité. Il s'insinue par sa fluidité, pénètre, traverse les corps sans jamais la perdre. Il gravite par sa pesanteur sur tous les corps & en réunit les parties (16). Il cède par son élasticité à l'impression

(15) *Je ne prétends point ici parler de l'air simplement considéré comme substance élémentaire, & par conséquent de la plus grande simplicité, mais de l'air vulgaire, hétérogéne qui est un mélange de différens corpuscules, dans lequel nous vivons, inspirons, &c. en un mot c'est de l'Athmosphère susceptible des plus grandes variations, du chaud, du froid, &c.*

(16) *La pesanteur de l'air respectivement à celle de l'eau, est, d'après les dernières expériences faites par M. Hawksbée, comme 1 à 885, & tous les Physiciens s'accordent à lui donner le degré de pesanteur de 1 à 800. Que l'on juge par là de l'action de l'air sur le vin qui est beaucoup plus leger que l'eau.*

des autres corps en diminuant son volume, & se rétablit ensuite dans la même forme & souvent occupe une plus grande étendue. C'est par cette force élastique qu'il s'insinue dans les corps, y portant avec lui cette facilité spéciale qu'il a à se dilater. Delà naissent ces oscillations continuelles dans les parties du corps auquel il se mêle, parce que son degré de chaleur, sa gravité, sa densité ainsi que son élasticité & son expansion ne restent jamais les mêmes pendant l'espace d'une ou deux minutes de suite. Il se fait donc dans tous les corps une vibration, une dilatation, une contraction perpétuelle. Ainsi, p. ex. des coups de tonnerre rédoublés font souvent tourner les vins foibles, parce qu'ils occasionnent dans l'athmosphére des secousses violentes qui agitent la liqueur, recombinent la lie, & finissent de désunir le peu de principes qu'ils contenoient.

II. Sans recourir à ces phénomènes, jetons un coup d'œil sur les thermomètres placés successivement dans des caves de différentes profondeurs. Moins la cave sera profonde, ou bien, plus elle aura de communication avec l'air extérieur, plus l'air y agira librement & plus les variations de la liqueur seront sensibles, soit dans le Thermomètre, soit dans le Baromètre. Le vin renfermé dans le tonneau, y éprouve le même changement. Le froid fait descendre la liqueur dans le thermomètre, le froid concentre le vin dans le tonneau ; tous deux alors occupent moins d'espace. La chaleur en dilatant la liqueur dans le thermomètre, lui fait occuper une plus grande étendue ; le vin éprouve dans le tonneau un mouvement respectif. Que le vent du Nord regne, le vin est clair ; que celui du midi lui succède, le vin devient plus ou moins trouble, suivant sa durée & sa violence. Ces variations ne peuvent être que les suites de l'action de l'air sur le vin, ce qui a fait dire à *Hoffman* dans son livre *de modo conservandi vinum*, cap. 4. p. 348. *At vero non omnis aër æquali virtute & potentia corruptionem in vino suscitat, sed sicuti calidus & humidus ad efficiendam putredinem in animantibus efficacissimus est : ità & his ipse maxime est infestus vini texturæ. Testatur id experientia : non enim lubentius ad noxam patent vina, quam tempore autumnali vel etiam æstivo, si tempestas fuerit diu pluvialis. Contra frigidus, siccus & serenus aer, non ita noxius vinis deprehenditur, qua propter in cellis quæ non satis profundæ sunt, diurni caloris participes fiunt, vina non diu subsistunt integra.*

III. L'impression la plus avantageuse pour toute liqueur durant la fermentation insensible, est en général celle du froid tempéré, parce qu'elle diminue ce mouvement fermentatif en concentrant ses principes. Il me paroît que si le raisin meurissoit en même tems que les cerises, il seroit très-difficile de conserver le vin; les chaleurs de l'été donneroient trop d'activité à la fermentation tumultueuse, & peut-être l'insensible ne seroit-elle que momentanée & passeroit très-promptement aux fermentations acide & putride. Les seules caves parfaites préviendroient ce désordre. Admirons la nature toujours attentive à seconder nos besoins. Elle place avec choix dans chaque saison ce qui nous convient le mieux. La chaleur tend au contraire à séparer les principes du vin, à les désunir. Le seul moyen de soustraire en grande partie le vin aux oscillations & variations continuelles de l'air, est de le placer dans les caves qui y seront le moins exposées, & par conséquent dans les plus profondes. La meilleure, sans contredit, seroit celle où l'on n'appercevroit aucun changement de chaleur ou de froid, & où la liqueur du Thermomètre se maintiendroit toujours au dégré 10 de température, comme dans les caves de l'observatoire de Paris. C'est précisément le dégré de chaleur le plus convenable & le plus propre pour perfectionner la fermentation insensible, surtout si la liqueur n'est pas trop exposée aux oscillations de l'air. L'expérience la plus générale prouve ces faits, & cette même expérience nous a montré que les premiers signes de la fermentation tumultueuse, n'ont commencé à être sensibles que quand la chaleur a été à ce degré.

IV. M. Bidet dans un Traité sur la nature & la culture de la vigne, repéte sans cesse que *l'air est la peste du vin.* Il le prouve par la comparaison du vin mis dans une bouteille bien bouchée, & d'une égale quantité de ce même vin exposé à un air libre. Ce dernier, ajoûte-t'il, fera aigre au bout de deux ou trois jours, tandis que l'autre aura acquis de la qualité si le tems est froid. Je ferai quelques réflexions sur ce raisonnement auquel je souscris absolument quant au fond. 1°. L'air considéré comme élément, c'est-à-dire, dans sa plus grande simplicité, n'est point une *peste* pour le vin, puis qu'il ne se fait point de fermentation dans le vuide & que la fermentation insensible, soit dans les tonneaux, soit dans les bouteilles, est nécessaire pour donner de la qualité au vin; mais l'air considéré comme Athmosphére, tantôt chaud, tantôt froid, plus pesant ou plus leger, plus tranquille ou plus agité, est celui qui agit sur le vin & lui communique d'autant plus aisément les variations qu'il éprouve, qu'il a deux qualités communes avec lui, la *fluidité* & la *gravité*, & que le vin ne peut se soustraire aux impressions de la troisième, l'*élasticité*, parce qu'il en est dépourvu. Ces deux premières qualités ayant plus de force, elles facilitent donc singulierement les opérations de la troisième. 2°. Ce n'est pas l'air qui, strictement parlant, est la *peste* du vin, puisque les vins de Champagne sont très-aërés, ainsi que ceux qu'on a *muté* dès le commencement; mais c'est parce que l'air augmente la fermentation (sur-tout si les tonneaux ne sont pas exactement pleins) par ses Oscillations, ses secousses, sa chaleur, &c. qui réunies ensemble contraignent le phlogistique & l'air surabondant à s'échapper. Ces deux principes tenoient tous les autres dans une parfaite dissolution. 3°. Le vin exposé à l'air libre a aigri, parce que son phlogistique qui est très-volatil, n'a trouvé aucun obstacle pour le retenir, parce que l'air surabondant en s'échappant a dégagé une partie du phlogistique, ce qui a imprimé un mouvement continuel à la liqueur, a récombiné ses principes & leur a fait contracter une nouvelle fermentation, j'oserai dire toute différente de la spiritueuse. Ce que je viens d'établir en principe n'implique point contradiction avec ceux que je donnerai dans le Chapitre IX. sur la cause de l'acidité du vin, qui est son absorption de l'air athmosphérique. Elle n'a lieu que quand une partie du phlogistique & de l'air surabondant se sont échappés,

& alors elle les remplace. 4°. Le vin de la bouteille bouchée a gagné de la qualité à cause du froid qui a concentré ses principes qui ne pouvoient se séparer de la liqueur. Cependant elle auroit perdu de qualité, si elle avoit resté plus long tems exposée aux variations de l'air, sur tout si un air chaud eut succédé à l'air froid. L'air en lui-même n'est donc pas la *peste* du vin, il facilite seulement sa décomposition par sa chaleur, ses oscillations, &c. qui augmentent la fermentation. L'action de l'air sur le vin, exigéroit de plus grandes discussions que ne permettent pas les bornes d'un mémoire.

V. Ce que je viens de dire de l'action de l'air sur le vin, prouve la nécessité dans laquelle chaque particulier se trouve, de travailler à se procurer la meilleure cave possible. *C'est la cave qui fait le vin*, dit le proverbe, & il est juste malgré sa généralité. La cave, il est vrai, ne donnera pas une qualité supérieure à un vin plat & foible; mais que ce vin soit placé dans deux caves différentes dont l'une ait les qualités que je vais indiquer, & que l'autre soit une cave ordinaire, on jugera alors de la préférence qu'on doit donner à la première, par l'augmentation de bonté du vin qu'elle contiendra, comparée au dépérissement de l'autre. Les plus incrédules dissiperont leurs doutes, & s'instruiront par cette comparaison.

VI. Pour qu'une cave soit bonne, il faut 1°. qu'elle ne soit pas placée près d'un chemin, d'une rue, fréquentés par des voitures, ou près de l'attelier d'un charpentier, d'un forgeron, &c. (17). Les secousses réité-

---

(17) *Je me contente de citer ces deux exemples, parce que j'en ai été la victime, & il en est plusieurs autres que fait naitre le local de la cave. Un forgeron demeuroit au rez de chaussée de la maison voisine à la mienne. Les coups qu'il frappoit sans cesse sur son enclume repondoient à ma cave, & le vin n'a jamais été clair, quoique soutiré avant de l'envoyer à la Ville. La cave que j'ai dans la maison où je demeure actuellement, est placée directement sous l'allée par où chaque jour la voiture entre & sort, & j'y éprouve encore plus*

rées que les tonneaux éprouvent, ne permettent jamais à la liqueur de s'éclaircir, la tiennent dans une agitation continuelle qui augmente la fermentation insensible, & accélère la décomposition par une récombinaison perpétuelle de la lie dans le vin. 2°. Plus une cave sera profonde, plus le vin s'y perfectionnera, parce qu'il sera moins sujet aux oscillations & aux variations de l'air. S'il manque d'air dans cette cave, M. Bidet fournit un excellent moyen pour en procurer « Placez, dit-il, T. 1, » p. 116, un tuyau de fer blanc de 4 pouces de diamé- » tre contre le mur de la maison, qui descendra dans » le soûpirail de la cave à trois ou quatre pieds de pro- » fondeur ( il vaudroit mieux que la partie du tuyau qui » sera dans la cave, fut en plomb ou en fonte, la » rouille auroit moins d'action sur lui ) & s'élevera jus- » qu'à la couverture de la maison. A l'extrêmité supé- » rieure de ce tuyau, on placera un entonnoir de deux » pieds de diamêtre, on pratiquera par dessus un mou- » linet dont les ailes seront garnies de toile passée en » huile, qui tournant au gré du vent, dirigeront l'air » vers l'entonnoir, & de là dans le tuyau, & le con- » traindront de descendre dans la cave. » Cet expédient est peu couteux & de grande utilité. 3°. La voute ne sçauroit être trop élevée, l'air y sera moins meurtrier. 4°. Les jours ou soûpiraux doivent être placés du côté du Nord, & éloignés des murs, ou de tels autres objets capables de reverbérer la chaleur du soleil. Il conviendroit même que ces soupiraux fussent fermés par des abajours. 5°. Elle ne sçauroit être trop séche ; tout le monde sçait qu'une cave humide gatte le vin & abime les tonneaux. Si les murs ne sont pas assez secs, il faut les enduire avec du ciment préparé avec du Tuf & des briques pilées. Si le sol de la cave est humide, il faut le recouvrir d'un demi pied de craye, ou avec des cendres du charbon de

---

*le même inconvénient, parce que les ébranlemens sont plus directs. J'ai été forcé de m'en procurer une dans une situation plus tranquille.*

pierre, ou avec du charbon de pierre brulé, vulgairement nommé *Machefer*. En un mot une cave aussi séche que pourroit l'être un grénier, seroit une cave parfaite, si la siccité étoit unie aux autres qualités requises.

VII. C'est dans de pareilles caves qu'on doit descendre le vin un peu avant les premières chaleurs du printems, afin de maintenir la fermentation insensible avec autant de soin qu'on en a pris dans le commencement pour la rendre tumultueuse, ce qui ne doit pas s'entendre, comme je l'ai dit Ch. VII. N°. X. pour les vins doux, visqueux, sirupeux, puisqu'ils exigent expressément que leur douceur & leur viscosité soit détruite par la chaleur qui augmentera la fermentation. C'est au propriétaire attentif, à saisir le point où ils doivent être encavés. Le fixer, ce seroit les entrainer à l'erreur. J'en dis autant pour les vins foibles & plats qui dépériroient presque toujours dans les celliers, & surtout en Provence si l'hyver n'est pas continuellement froid.

VIII. C'est une erreur de penser que les caves sont plus chaudes en hyver, & plus froides en Eté. La raison en est palpable. Notre corps est exposé en été à la chaleur de l'Athmosphére qui est de 20 à 25 degrés, au lieu que l'air des caves n'est qu'à 10 ou 12 degrés de chaleur. L'air de l'Atmosphére est en hyver depuis 0 jusqu'à 10 ou 15 degrés au dessous de la glace, tandis que la chaleur de la cave est de dix degrés. C'est donc cette différence qui nous fait paroitre les caves froides ou chaudes. Nous trouvant exposés à l'air froid extérieur qui fait impression sur notre corps, nous sentons en entrant dans la cave un air beaucoup plus chaud & qui rechauffe réellement notre corps. La chaleur de la cave ne différe dans ces deux saisons que d'un à deux degrés; elle est donc simplement respective. Voyez les essais Physiques de Muschenbroec.

IX. Tachons de tirer d'une coutume préjudiciable, une utilité réelle, soit pour l'économie, soit pour la bonification des vins. Presque toutes les cuves sont en Provence placées dans les caves, & la plupart sont en briques ou en pierres; il ne s'agit que de convertir ces cuves en tonneaux ou *foudres*, alors on réunira plusieurs avantages. 1°. Le phlogistique du vin s'évaporera plus difficilement à cause de l'épaisseur des murs de la cuve dont les pores sont plus serrés que ceux du bois. 2°. L'air extérieur, soit par sa fluidité, sa gravité, ou son élasticité, aura moins d'action sur le vin, parce que la résistance que ces cuves présenteront, sera plus forte que celle qu'oppose un tonneau ordinaire dont l'épaisseur n'excède pas 10 à 15 lignes. 3°. la fermentation insensible s'y complétera mieux, & il s'y formera une plus grande quantité d'esprit ardent, avantage singulier & digne de l'attention des Provençaux qui brulent leurs vins & les convertissent en eau de vie. 4°, C'est une économie considérable de se servir de grands vaisseaux. Remplissez le même jour un tonneau d'une *asnée*, un de 2, 3, 4, 5, 6, &c. & un *foudre*, vous verrez à la fin du mois, de l'année, &c. que la liqueur aura plus diminué en proportion de la petitesse du vaisseau qui la renferme. Ce point est important pour les possesseurs de grands vignobles. Nous avons prouvé Ch. VI. Note 13 N°. VIII. que les vins acquierent une qualité supérieure en fermentant en grande masse; qui pourra donc à présent se refuser au double avantage d'améliorer son vin, & de le faire avec économie.

X. Tout semble concourir à procurer cet heureux changement en Provence. 1°. Il faudra moins des tonneaux, ils sont toujours chers dans le tems de la recolte, & cette cherté a déjà engagé quelques particuliers des environs d'Aix à faire construire des tonneaux en pierre. Le motif d'économie leur a suggéré un moyen de perfectionner le vin, dont ils ne se doutoient pas. La Provence n'a pas le bois nécessaire pour la construction des tonneaux; elle tire du Bugey, du Comté ou du duché de Bourgogne, les douves simplement dégrossies, & cela ne suffit pas pour sa consommation, pu'isqu'il y a des années où l'on charge tant à Lyon, qu'à Vienne, & dans les Villes & les villages le long du Rhosne, plus de 8000 tonneaux; les Regîtres des Fermiers en font foi. Que l'on considére à présent les droits multipliés des péages, ceux des douanes de Valence & de Lyon, &c. & l'on ne sera plus surpris de la cherté des tonneaux. Les tonneaux ou *foudres* en pierre formeront donc une économie réelle. On achete les tonneaux à meilleur marché dans le courant de l'année, & on n'achetera que ceux dont on aura beſoin ſoit pour l'uſage journalier, ſoit pour le tranſport. Ceux qui n'ont pas les facultés de faire conſtruire des cuves en pierre, les conſtruiront en bois. Les platteaux de chêne ſont très-chers en Provence, il eſt vrai; rien n'empêche de les ſuppléer par ceux de chataignier, & ſurtout par ceux du murier qui y eſt très-commun. Ce bois eſt préférable à celui de chêne, de chataignier, il a moins d'apreté, moins d'aſtriction, & il communique un goût agréable au vin, principalement au vin blanc : cependant j'avouerai qu'il durera moins que les deux autres, & que ſes pores ſont plus ouverts.

XI. Les vins de Provence peuvent & doivent en général reſter deux années dans les tonneaux, & beaucoup plus dans les foudres. Cette régle eſt inutile pour les vins fabriqués & gouvernés à la manière du pays; il eſt même impoſſible d'en preſcrire pour eux; mais s'ils ſont faits ſuivant la méthode que j'indique, je réponds qu'ils gagneront en qualité. Ils ont déjà aſſez de corps, & ils auront beaucoup de principes. Je ſuis même perſuadé qu'outre les vins des cantons renommés, on parviendroit en quelques endroits à en avoir de délicats & qui auroient de la réputation. On doit également ſoutirer ces vins la ſeconde année. Ceux de Bourgogne & de Champagne ont moins de corps, & on les ſoutire également. Il eſt encore eſſentiel de les muter chaque fois.

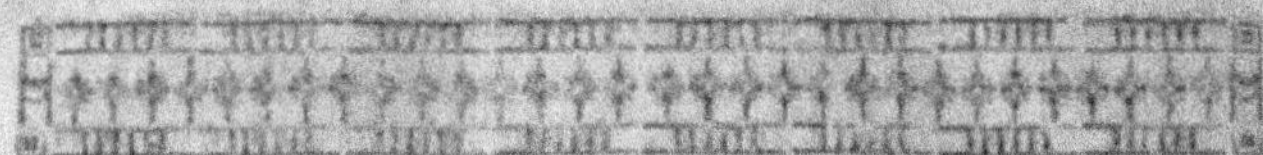

## CHAPITRE IX.

### Des soins qu'exigent les Vins destinés à passer la mer; des moyens faciles pour connoître quand un Vin tend à l'acidité ou à la pousse, afin de ne pas en risquer le transport.

I. UN vin bien fait & de qualité n'exige aucun préparatif pour passer la mer, sinon d'être soutiré, muté, & le tonneau exactement rempli au moment du départ. Les vins de Bourgogne, quoique de qualité excellente, passent très-rarement la *ligne* sans se corrompre, surtout si on les envoye en barille; ceux de Côte rotie qui n'ont pas assez cuvé, éprouvent le même sort, ceux du même pays, bien faits, bien cuvés, se maintiennent, se conservent & acquièrent une qualité supérieure. Le transport bonifie également ceux de Bordeaux. Ces deux espèces de vin ont en général beaucoup de corps, & on peut ranger dans leur classe, ceux de Provence. Les vins au contraire de qualité inférieure demandent des précautions.

II. On a vu dans le chapitre précédent, quelle étoit l'action de l'air sur le vin, combien il lui étoit pernicieux par ses variations. Il les éprouve pour le moins avec autant de violence sur mer, & plus il approche de la *ligne*, plus ces effets sont dangereux. Le Roulis du vaisseau agite sans cesse la liqueur, & si elle n'est pas exactement tirée au clair, la lie & le tartre sont sans cesse recombinés avec le vin. Il faut donc donner plus de corps & de principes aux vins qui sont transportés, & tacher de diminuer le mouvement intestin de la fermentation, afin de conserver ceux qui existent. Suivons l'exemple de nos voisins, déjà adopté dans quelques cantons de Provence & de Languedoc. Leur secret confifte à faire cuire à une chaleur douce, lente & modérée, le moût ou une partie, & d'en mettre une quantité proportionnée dans les tonneaux qu'ils embarquent, suivant le plus ou moins de qualité du vin. On fait cuire tout le moût dans quelques endroits d'Italie & d'Espagne, & *Beilon* dit que les vins de Crête ne passeroient pas la mer, si on n'avoit pas la précaution de les faire bouillir. Arrêtons-nous un moment à examiner cette manipulation.

III. Si le moût a déjà fermenté, & qu'il soit presque changé en vin, il est à craindre que l'ébullition ne le fasse aigrir, surtout si ce moût ne contient pas beaucoup de muqueux doux; il convient donc de prendre du moût non fermenté, de le faire bouillir à petit feu, de l'écumer sans cesse, de le réduire à tiers, ou à moitié, suivant l'exigence du cas, de ne point le laisser refroidir dans des vaisseaux de cuivre, il y contracteroit un mauvais goût & principalement si l'acidité y domine; on le vuidera, pour éviter cet accident, dans des vaisseaux de bois qu'on aura soin de recouvrir, & il y refroidira tranquilement. Dès que le vin sera fait, & que les tonneaux seront presque remplis, on y ajoutera la quantité de moût cuit, que l'on croira convenable. Ce vin sera encavé de bonne heure, muté & soutiré ainsi que je l'ai indiqué ch. 7. n°. IV, V. Si on juge que ce correctif n'est pas suffisant, on fera cuire tout le moût; ce vin sera un vin de liqueur qui supportera le trajet, mais non pas un vin agréable, coulant comme nos vins de Bourgogne, de Côte-rotie ou de rivière. Si l'on pense que la qualité du vin sera assez bonne, & qu'elle n'exige pas ce correctif, je conseille pourtant, pour plus grande sûreté, de réduire le meilleur moût en consistence de sirop, ou même en Rob, comme le prescrit M. Barberet dans son Mémoire sur la pousse des vins. La seule attention à avoir en le réduisant ainsi en Rob, est de le remuer sans cesse, crainte qu'il ne prenne le goût d'empireume, car ce goût se communiqueroit promptement au vin. On en ajoutera une petite partie au vin avant de l'embarquer.

IV. Il arrive par cette ébullition soûtenue, que la majeure partie de l'eau surabondante de la végétation se dissipe & s'évapore, & par là les parties de la liqueur se rapprochent. Ainsi ce moût bouilli, épaissi, ajouté au vin, se divise & s'étend dans le fluide, reçoit autant de particules d'eau qu'il en a perdu par l'ébullition ; & comme ses principes étoient très-rapprochés, il réunit par son mélange, ceux du vin du tonneau, parce qu'il se saisit d'une partie de son eau surabondante ; d'ailleurs il ajoute du muqueux doux, & plus un fluide en est chargé, plus sa fluidité diminue, & moins la fermentation est véhémente, les sirops en sont la preuve. Ces moûts, ces sirops, ces robs gluans & mucilagineux, communiquent leur viscosité aux autres parties du fluide, elle leur donne, pour ainsi dire, des entraves ; & comme ces substances n'auront pas encore fermenté, elles s'assimileront aux parties du vin, leur donneront de nouveaux principes capables de soûtenir les chocs de la fermentation, & remplaceront ceux qu'ils auront perdu ou qu'ils perdent pendant la route.

V. Personne n'est plus que moi éloigné de penser qu'il faille droguer ou sophistiquer les vins, j'en ai trop étudié les principes, pour n'en pas sentir toutes les conséquences. Le moyen que je propose, n'a aucun inconvénient, & ne peut nuire à la santé. Je dirois même que ces vins sont plus nourrissans, parce que le muqueux doux est la seule substance vraiment nourrissante : d'ailleurs il est avéré qu'ils attaquent beaucoup moins les nerfs que les vins secs ; ces derniers poussent plus vivement, il est vrai, par les urines, mais ils peuvent à la longue incommoder l'estomac & les intestins en les dépouillant trop de leur velouté & de leur enduit. Les vins de Provence sont en général assez spiritueux quand ils sont bien faits, pour ne pas peser à l'estomac, malgré l'addition de ce muqueux doux. La fermentation aura entierement détruit la douceur du muqueux quand le vin aura passé la mer. Cette opération ménagée par une main prudente, donne seulement au vin le muqueux doux qui lui manquoit, & qu'il auroit eu, si une maturité convenable avoit fait disparoître l'eau surabondante de la végétation ; ou ce qui revient au même, si on avoit laissé long tems le raisin sur le cep comme à Arbois, à Chateau-Chalons, &c.

ou si après que le raisin a été cueilli, on l'eut laissé exposé & étendu au soleil, & qu'on ne l'eut pressé que quelques jours après, comme cela se pratique en Italie; ou qu'on eut tordu la grappe sur le cep, comme à Rives-altes; ou enfin si on avoit défeuillé le cep quand le raisin touchoit à sa parfaite maturité. Ces exemples ne seroient pas mauvais à suivre en Provence. Je les ai tous essayés, & je réponds du succès. Il est certain que par ce correctif employé suivant l'exigence des cas, les vins même de qualité médiocre passeront les mers, surtout si on les a soutirés convenablement, si le tonneau a été muté, & s'il est exactement plein. Je ne parlerai pas de son emballage, de la nécessité de multiplier les cerceaux, l'utilité en est trop reconnue. Aidons la nature quand les causes secondes dérangent ses opérations; mais ne la contrarions jamais.

VI. Pétrone parle d'un vin de 100 feuilles, & Juvenal dit que l'on buvoit de son tems (il mourut l'an 12[illegible] de l'Ere chrétienne) du vin fait sous le consulat d'Opimius. Jamais ces vins si fameux n'auroient acquis cette vétusté, si les anciens n'en avoient fait évaporer la partie aqueuse, & s'ils ne les avoient réduits en Rob ou en consistence de sirop. Les vases qui les renfermoient étoient placés dans des greniers, ou exposés aux injures de l'air. Ils traitoient au contraire les vins de petite qualité, à peu prés de la même manière que nous, en les tenant dans des endroits frais, ou dans des caves, ou en les enterrant profondément dans des fosses recouvertes de terre. Ces premiers vins avoient à la fin la consistence du miel, & on ne pouvoit les boire sans les délayer dans l'eau. *quò generosius est vinum, eo magis vetustate crassescit*, dit Pline. Nous pourrions aujourd'hui tenir presque le même langage, rélativement aux vins doux d'Espagne, d'Italie, &c. On a trouvé dernierement sous les ruines d'*herculanum* des vaisseaux dans lesquels le Rob du vin s'étoit desséché. J'ai trouvé une Urne à peu près semblable, dans le territoire de Vienne du côté du Lyonnois, dans une vigne ou autre fois étoit bâti le Palais de Pompée. Le Rob du vin y étoit cristalisé. Ceux qui désireront de plus grands détails sur la manière employée par les Romains, n'ont qu'à consulter les ouvrages de Baccius, le *mot Vin historique* dans le Dict. Encyclopédique.

VII. Le Propriétaire qui envoye son vin au delà des Mers, désire sans doute, qu'il ne dépérisse pas dans la traversée, & il cherche avec raison à conserver un débouché. Si une partie aigrit, ou pousse, il reçoit des reproches qu'il croyoit ne pas mériter, parce que son vin paroissoit avoir de la qualité au moment du départ. Ce Propriétaire avant de l'envoyer, a-t'il bien reconnu s'il n'avoit aucune tendance à l'acidité ou à la pousse ? Quels moyens a-t'il employé pour s'en assurer, & ces moyens étoient-ils suffisans pour s'en convaincre ? Je crois devoir lui en proposer pour assurer sa tranquillité. Quoiqu'ils soient déjà rapportés dans un autre Mémoire donné au Public, je ne crains pas de les repéter, ils sont trop analogues & nécessaires au sujet.

VIII. On sçait qu'en combinant de l'air, même superficiellement, avec de l'eau ou du vin, on donne à ces liqueurs, des saveurs vineuses séches qui approchent beaucoup de l'acidité. Lorsqu'on sature une liqueur acide par une alkaline, il s'échappe une très-grande quantité d'air, l'acide ne se distingue plus dans le sel neutre. En précipitant l'acide, à mesure que ce dernier devient libre, il absorbe & s'unit à une grande quantité d'air. Voyez Stat. des Végétaux p. 161 & 261, où il est dit que l'action des acides doit être attribuée en grande partie à l'air qu'ils contiennent. Voyez le mercure du mois d'Avril, 1733, où il est dit que les acides sont des esprits aëriens, un air enveloppé, un air condensé. M. Hales avoit observé que dans les corps qu'il analisoit pour connoître la quantité d'air qu'ils contenoient, quelques uns en absorboient au lieu d'en rendre. Il y comprenoit aussi, mais improprement, les substances qui, comme les vapeurs du souffre & du phosphore, détruisent l'élasticité de l'air, ce qui a l'apparence d'une absorption.

IX. L'examen de ces différens phénoménes, m'a naturellement conduit à penser que le vin aigri pouvoit bien tirer son acidité, moins de la dissolution qui se fait alors de son tartre, quoi qu'il soit un sel acide qui y contribue, que de l'air qu'il absorboit & combinoit avec lui. L'expérience a pleinement justifié cette theorie. J'ai adapté à une bouteille à moitié pleine de vin, la machine de Hales pour mesurer l'air qui sort d'une substance, ou qui y entre. Cette machine étoit disposée avec ses nouvelles corrections, c'est-à-dire, garnie d'une cloche, d'un Thermomêtre & d'une jauge d'air. Cet appareil fut tenu dans un lieu chaud de 18 à 20 degrés. Il s'éleva de l'air de la bouteille par l'agitation que j'avois donnée à cette bouteille, & l'eau descendit dans la cloche; peu de jours après il fut absorbé; enfin au bout de 15 jours, il s'étoit absorbé 9 pouces d'air, & le vin étoit aigre.

X. On peut par un procédé plus simple & plus facile, connoitre quand le vin s'aigrira dans le tonneau, en adaptant au haut de ce tonneau très plein, un tuyau cimenté & garni à son sommet d'une vessie huilée, flexible & pleine d'air. On s'assurera en la comprimant de tems en tems de bas en haut, si elle contient d'air, ou s'il a été absorbé. On peut aisément imaginer d'autres moyens pour s'assurer quand le vin perd d'air ou en absorbe, & l'expérience prouvera toujours, que *lorsqu'il en absorbe, il est sur le point d'aigrir*. Lorsque l'air commence à s'absorber, on ne distingue encore au goût aucune acidité. Cette expérience est donc bien plus sûre que le goût, & même que le Thermomêtre qui seroit plongé dans la liqueur, pour annoncer par l'augmentation de la chaleur, l'augmentation de la fermentation.

XI. La pousse des vins provient de l'altération qu'ils éprouvent en perdant, outre l'air surabondant élastique qui lui est superficiellement combiné & qui contribue à lui donner le goût vineux, une grande partie de celui qui est combiné dans la liqueur, ou dans les mixtes dont elle est formée, par une suite nécessaire de la fermentation établie & continuée dans un muqueux où le doux ne domine pas, ce qui dénature les vins, les rend plats, foibles & de mauvais goût. Le signe qui indique cette altération, est lorsqu'un tonneau très-bien bouché & plein, perd du vin par les moindres ouvertures, p. ex. par un petit trou de vrille fait dans sa partie inférieure, ce qui annonce qu'il se trouve assez d'air dans la liqueur pour la presser, comme feroit l'air extérieur qui auroit communication par le bondon, car sans l'existence de cet air élastique dans la liqueur, on sent bien que l'air athmosphérique est plus que suffisant pour soutenir le vin dans le tonneau. La même vessie dont j'ai parlé pour les vins aigres, étant adaptée vuide au haut des tonneaux, annoncera en se remplissant, que l'air abandonne la liqueur. Ce vin est perdu pour peu que le vase qui le contient, soit mal bouché, soit agité ou sente la chaleur. Les seuls moyens de prévenir ces inconvéniens, sont comme je l'ai dit, d'ajouter du moût ou du muqueux doux au vin qui travaille, de le muter, de le tenir dans des caves profondes, & dans lesquelles les oscillations continuelles de l'air se feront peu sentir.

XII. On voit constamment que le tonneau renfermant du vin qui tend à l'acidité, est sec, que le sable qui couvre le bondon, est également sec. Le tonneau d'un vin prêt à pousser, est toujours mouillé, couvert d'une espéce de moisissure, la liqueur paroit suinter par les jointures des douves, le sable placé sur le bondon, forme une espéce de pâte limoneuse & de couleur vineuse. Un homme accoutumé à parcourir les celliers, & qui sçait observer, se trompe rarement sur les altérations du vin, par la seule inspection des tonneaux.

Je crois avoir donné la solution de la question proposée par l'Académie, en indiquant la maniére de faire le vin, de le conserver & de lui faire passer la mer. Il me paroit que les moyens que j'employe pour réussir, sont conformes à la Théorie, & qu'ils ont été confirmés par la pratique. Il ne me reste plus qu'à les rassembler sous un même point de vuë.

# RÉCAPITULATION GÉNÉRALE.

LA vigne a une force, une vigueur surprenante dans sa transpiration & dans sa succion. Une terre trop nourrissante est donc nuisible à la qualité du vin. La terre sablonense, caillouteuse, mêlée de roches pourries, est donc celle qui lui convient le mieux. Ch. I. n°. I. L'exposition la plus avantageuse est celle de l'Orient au midi, & dans laquelle aucun arbre ne porte ombrage Ch. I. n°. II. & III.

On doit conclure d'après ces préceptes, que la manière de planter la vigne en Provence, est défectueuse, & que le raisin du cep lié à un arbre & dont les farmens sont mêlés à ses branches, pompe trop de suc & ne meurit pas aussi bien que celui du cep moins élevé, Ch. I. n°. V. VI, VII. Si le cep est trop rampant, trop chargé de sarmens, le raisin en sera aqueux & aura peu de qualité. Ch. I. n°. IX.

L'objet le plus important après l'exposition favorable pour les vignes, est le choix des raisins. Un mêlange mal entendu ne laisse aucun goût décidé au vin, il lui ote toutes les qualités sans lui en donner aucune. Si l'on veut avoir un vin de garde, il faut sacrifier la quantité à la qualité. On y gagnera par le plus haut prix de la vente & par la bonté du vin à être converti en eau de vie. Ch. II. n°. I.

Il n'y a aucune Province en France où l'on cultive une plus grande quantité d'espéces de raisin, & plus mal choisie. Sur 18. espéces de raisins blancs, il n'y en a que trois qui conviennent réellement à la Provence. Ch. 2. n°. III. & cinq en raisins noirs, n°. IV. C'est à tort que l'on transporte des plans de raisin du midi au Nord, on devroit suivre la marche opposée, puisque le *Morvégué* qui est le meilleur raisin de Provence, est également le meilleur en Bourgogne, en Beaujollois, &c. Les raisins des Provinces septentrionales ne donnent des vins précieux que quand ils ont acquis une maturité parfaite, & ils l'acquerront plus facilement en Provence, puisqu'il y fait plus chaud Ch. 1. n°. IV.

Cette maturité parfaite est absolument nécessaire pour avoir un vin de qualité & de garde. Sans elle le raisin ne donnera presque point de corps muqueux doux qui est la seule substance fermentessible. Ch. 1. n°. V. On auroit donc un muqueux fade assez semblable à celui des gommes, & un vin où ce muqueux domine, est sujet à pourrir Ch. 1. n°. VI. Si le muqueux est acide, il se soutiendra quelque tems dans son acidité, & passera plus lentement à la putridité. Ch. 1. n°. VII. Si le muqueux est apre, il éprouvera la pousse & l'acidité. Ch. 1. n°. VIII. Le seul muqueux doux est susceptible de la véritable fermentation spiritueuse Ch. 1. n°. IX. Le cultivateur doit tout mettre en usage pour la perfectionner. Je réponds de la réussite, s'il met en pratique les préceptes que j'indique.

Il ne vendangera que lorsque le raisin sera parfaitement mûr, la couleur brune de la grappe indique cette maturité. Ch. 3. n°. I. Les procédés de Rives-Altes, d'Espagne, de Chypre, &c. employés comme il convient, seront dans ce cas d'une utilité réelle. Notte 1. Si des pluyes fréquentes retardent cette maturité, ou occasionnent la pourriture, on éfeuillera à propos les ceps & on les empêchera par là de pomper une féve trop abondante, trop aqueuse qui occasionne & augmente la pourriture. Ch. 3 n°. II.

Le jour fixé pour la vendange ne doit pas être indifférent, puisque la plus ou moins longue durée de la fermentation dans la cuve, en dépend. Plus un vin reste à completter sa fermentation tumultueuse, moins il a de qualité, moins il est de garde. Ch. 3. n°. III. On choisira donc pour vendanger, un beau jour, où la chaleur soit vive & forte, & on n'entrera dans la vigne, que quand la rosée & le brouillard seront dissipés. Cette rosée toujours froide, retarderoit la fermentation tumultueuse qu'il est si important de promptement établir. Ch. 3. n°. v. On l'accéléroit en laissant la vendange exposée à l'ardeur du soleil dans des Vaisseaux peu profonds & très-larges. Le soleil dissiperoit une partie de l'eau surabondante de la végétation, & le vin gagneroit en qualité. Ch. 3. n°. VI. Si l'automne a été froide & pluvieuse, le raisin ne sera pas parfaitement mûr. Alors on aura soin de jetter dans la cuve, du moût bouillant quand on commencera de la remplir, quand elle sera à moitié pleine, & quand elle le sera tout à fait. Je ne puis au juste en indiquer la quantité; la qualité de la vendange la fera connoître. Ce moût bouillant imprime le premier degré de chaleur & ajoute du muqueux doux, Ch. 4 n° 1. Si l'on attendoit que le moût eut fermenté, & sur tout s'il approchoit de son complément à être changé en vin, ce moût bouillant pourroit le faire aigrir. Note 4.

On doit égrapper les raisins en les mettant dans la cuve, qu'ils soient, ou qu'ils ne soient pas parfaitement mûrs. Ch. 4. n°. 11. La grappe est un prolongement du sarment qui communique à la masse fermentante, son goût âpre & austère, & qui s'imbibe d'une portion du vin, qu'on ne peut retirer par le pressoir. C'est donc une perte pour la qualité & pour la quantité. Ch. 4. n°. 111.

La cuve doit être remplie le même jour, ou au plutard le lendemain. Elle sera placée dans un cellier & non en plein air, & encore moins dans une cave. Plus elle sera grande & remplie, mieux la fermentation tumultueuse se complettera. Ch. 4. n°. IV. V. VI. Pour perfectionner cette fermentation, il faut que la vendange soit bien foulée, & couvrir la cuve. Ch. 4. n°. VII.

Le moût, selon les saisons, peut être trop aqueux ou trop sirupeux; je conseille dans le premier cas d'ajouter outre le moût bouilli, un muqueux doux, & le miel par préférence à tous les autres. Ch. 4. n°. VIII. Cette substance ne communique au vin ni saveur mielleuse, ni aucun goût désagréable, & on ne la reconnoit plus quand le vin est fait. Ch. 4. n°. IX. Si le moût est trop sirupeux, il fermentera difficilement; il convient donc de lui faire acquerir plus de fluidité afin d'établir la fermentation. Pour cela, on le mettra fermenter dans un Athmosphère plus chaud, & non dans une cave suivant l'usage de Provence, & on y ajoutera un levain capable d'imprimer le premier mouvement fermentatif; les *fleurs* ou *mere* du vin produiront infailliblement cet effet. Mais si le moût est absolument trop sirupeux, on le rendra fluide par l'addition de l'eau commune. Ce cas est très-rare, même en Provence. Ch. 4. n°. x.

Dès que le moût est changé en vin, on ne connoit plus ses anciens principes; il s'est formé de nouvelles combinaisons. S'il n'a pas assez fermenté, sa couleur sera peu vineuse, & sa résine mal dissoute. Sil a trop fermenté, sa couleur sera vivement foncée, & il aura perdu une partie de son air essentiel & de son phlogistique. Ch. 5. n°. I. L'un & l'autre concourent à sa bonté & à sa conservation. Pour connoitre le point préfixe de tirer le vin de la cuve, il ne suffit pas de considérer sa couleur, on se tromperoit dans les années séches, & dans celles qui sont trop pluvieuses; ni de le faire filtrer par du papier gris, le goût est plus sûr. Ch. 5. n°. II, III. Mais on ne se trompera pas, si on l'examine dans un verre, Ch. 5. n°. IV. & Note 9., & encore moins si on fait attention au premier affaissement de la cuve. Ch. 5. n°. V, comparé avec le plus haut dégré de chaleur, Ch. 5. n°. IX. On n'est pas le maître de dévancer ou de retarder le moment de tirer le vin de la cuve, à moins que l'année n'ait été fort séche, ou très-pluvieuse. Dans le premier cas on le dévancera d'une heure au plus, & on le retardera dans le second de 2 ou 3. Je ne donne ce conseil qu'aux personnes accoutumées à faire le vin, & qui connoissent les progrés de la fermentation. Ch. 5. n°. IX, X, XI.

La manière de tirer le vin, est partout en général très-défectueuse. Il convient d'ajouter à la canelle de la cuve, des cornets qui conduiront le vin directement dans le tonneau, sans laisser évaporer son phlogistique & son air essentiel. Ch. 6. n°. I. & II. On suivra le même procédé pour le vin du pressoir, & celui qui voudra avoir un vin supérieur en qualité, séparera la liqueur qui sortira après la seconde coupe, & le gardera pour les Domestiques,

Ch. 6. n°. III. IV. Une opération très-avantageuse pour perfectionner le vin, est de le conduire de la cuve ou du pressoir dans de grands vaisseaux ou *foudres*. Ch. 6. n°. V. VI. VII. La fermentation insensible s'y complettera beaucoup mieux, & les plus petits vins y gagneront pour la qualité. Ch. 6. n°. VIII. La dépense qu'entraine la construction de ces *foudres*, ne permet pas à tous les particuliers de s'en procurer, & ils sont contraints de se servir des tonneaux ordinaires. Ils les affranchiront, s'ils sont prudens, de la manière indiquée, Ch. 6. n°. IX. & s'ils ont déjà tenu du vin, ils en enleveront exactement toute la lie & le tartre, Ch. 6. n°. X. Ils examineront scrupuleusement s'ils n'ont point de mauvais goût, & les bruleront s'ils en sont affectés. Ch. 6. n°. XI.

Le vin sera exactement avilié chaque jour tant que continuera la fermentation tumultueuse dans le tonneau, tous les 8 jours jusques à la St. Martin, & tous les mois le reste de l'année, Ch. 7. n°. I. Si on veut donner au vin un fumet agréable, on suspendra dans le tonneau un nouet renfermant des fleurs de la vigne. Cette fraude innocente est très-avantageuse Ch. 7. n°. II. Veut-on avoir un vin potable dans l'année, on le soûtirera au commencement de Janvier, de Fevrier & de Mars. Ch. 7 n°. III. mais avec les précautions réquises, Ch. 7. n°. IV. Si on désire que le vin soit de garde, ou qu'on le destine à passer la mer, on le mutera en Janvier, & on le soûtirera en Mars. Ch. 7. n°. V. VI. VII. VIII. Cette régle mérite quelque exception.

Si l'année a été séche & très-chaude, le vin, surtout en Provence, sera visqueux & sirupeux, c'est pourquoi on le laissera pendant tout l'hyver dans un cellier où il ne géle point. Si le vin est encore trop doux après l'hyver, il restera dans ce même cellier jusqu'à ce qu'il ait acquis la fluidité convenable, & perdu sa trop grande douceur. Si le vin a de la qualité, on le soûtirera & mutera dans le tems indiqué, & on l'encavera aux premieres approches des chaleurs du printems. Si l'année a été froide & pluvieuse, & qu'on craigne pour la durée du vin, on l'encavera dès que la fermentation tumultueuse aura cessé dans le tonneau, on le mutera tous les deux mois, & on le soutirera à la fin de l'hyver. Ch. 7. n°. X. XI.

L'Action trop immédiate de l'air sur le vin, nuit essentiellement à la durée du vin, Ch. 8. n°. I. II. III. L'impression la plus avantageuse qu'il puisse lui communiquer, est celle du froid en général. Ch. 8. n°. III. IV. Pour soustraire le vin aux oscillations & variations de l'air, il faut faire choix d'une bonne cave, c'est la cave qui fait le vin. Ch. 8. n°. V. Une cave sera bonne si elle n'est pas placée prés d'un chemin, ou prés de l'attelier d'un forgeron, d'un charpentier, &c. si elle est très-profonde, si la voute en est fort exhaussée, si les jours ou soupiraux sont dirigés du côté du Nord & éloignés des objets capables de reverbérer la chaleur du Soleil, enfin si elle n'est point humide. Ch. 8. n°. VI.

Presque toutes les cuves en Provence sont placées dans les caves, elles sont en briques ou en pierres. Autant elles ont nui au commencement de la fermentation tumultueuse, autant elles peuvent devenir avantageuses à la fermentation insensible, si on les fait foncer. Il en résultera que la partie spiritueuse du vin se dissipera plus difficilement, que l'air extérieur aura moins d'action sur le vin, que la fermentation insensible s'y complettera mieux, que la dépense de la construction est déjà faite en partie, enfin que c'est une économie considérable de se servir de grands vaisseaux, il faudra moins de vin pour les tenir toujours pleins. Ch. 8. n°. IX. X.

Un vin bien fait & de qualité n'exige aucun préparatif pour passer la mer, si non d'être soutiré, muté, & le tonneau exactement rempli au moment du départ Ch. 9. n°. I. Les vins de qualité inferieure demandent des précautions; on doit tacher de diminuer le mouvement intestin de la fermentation en y ajoutant du moût cuit Ch. 9. n°. II., ou en faisant cuire tout le moût dont on a rempli le tonneau. Si l'on pense que la qualité du vin exige peu de correctif, on y ajoutera une quantité donnée de moût reduit dans le tems en consistence de sirop, ou en rob Ch. 9. n°. III. Cette addition ne nuit ni à la qualité du vin, ni à la santé, elle donne seulement au vin le muqueux doux q'il auroit eu si le raisin eut acquis une maturité parfaite. Ch. 9. no. IV. V.

Le Propriétaire qui expédie son vin, observera avant l'embarquement, s'il n'a aucune tendance à l'acidité ou à la pousse. S'il veut avoir un indice certain de l'un ou de l'autre, il verra que toute substance qui tend à l'acide, absorbe l'air. Ch. 9. n°. IX, & pour s'en assurer il adaptera à son tonneau très-plein, un tuyau cimenté & garni à son sommet d'une vessie huilée, flexible & pleine d'air; si l'air est absorbé, le vin sera aigre. Si l'air n'est pas absorbé, il peut envoyer son vin avec assurance. Ch. 9. n°. X. Le vin pret à pousser, perd, outre son air surabondant élastique, celui qui lui est superficiellement combiné. La même vessie huilée & vuide d'air, annoncera en se remplissant, que le vin est pret à pousser. Dans l'un & l'autre cas il faut se hater d'ajouter de muqueux doux, de muter le vin, & de le mettre dans des caves très-profondes. Ch. 9. no. XI. L'inspection fournit encore un indice certain pour le connoisseur, mais moins assuré que les précédens. Le tonneau d'un vin qui aigrit, est toujours sec ainsi que le sable qui recouvre le bondon. Celui dont le vin tend à la pousse, suinte par la jointure des douves, il est couvert de moisissure, & le sable forme une pate vineuse, Ch. 9. n°. XII.

Ce n'est point en pratiquant séparément quelques uns des principes que j'ai établis, qu'on parviendra à avoir un vin de garde & de transport; ce ne sera que dans l'application de tous en général, & suivant les circonstances. Employez tous les moyens capables de procurer à vos raisins la plus grande maturité, & par conséquent beaucoup de muqueux doux, rendez dès le commencement la fermentation très-tumultueuse, saisissez tous ceux que l'Art & la nature présentent pour ménager l'insensible, laissez échapper le moins d'air surabondant & le moins de phlogistique, & vous trouverez alors un vin bon pour la santé, pour être conservé, pour être transporté.

J'ai osé attaquer les préjugés, je réussirai difficilement à les détruire. Les cultivateurs se les transmettent de pere en fils, & c'est souvent la partie la plus scrupuleusement conservée de tout l'héritage. Il n'est point de préjugés mieux enracinés, que ceux dont les fondemens sont les moins solides. On peut se détromper d'une erreur raisonnée, mais comment combâtre ce qui n'a ni principe ni conséquence. La vérité cependant présentée à l'homme qui la cherche de bonne foi, le soumet infailliblement à son empire, & ses préjugés ne tiennent pas long tems contre la raison. C'est dans cette idée que j'ai entrepris de résoudre la question proposée, & si j'avois à paroitre devant un autre Tribunal que celui d'une Académie, je craindrois que mon Zéle ne fût regardé comme témérité. Etre utile est ma seule ambition.

FIN.

www.ingramcontent.com/pod-product-compliance
Ingram Content Group UK Ltd.
Pitfield, Milton Keynes, MK11 3LW, UK
UKHW021556260726
13993UKWH00002B/869